実践 OpenTelemetry

オープンなオブザーバビリティ標準を組織に導入する

Daniel Gomez Blanco　著
大谷 和紀　訳

本書で使用するシステム名、製品名は、いずれも各社の商標、または登録商標です。
なお、本文中では™、®、©マークは省略している場合もあります。

Practical OpenTelemetry

Adopting Open Observability Standards Across Your Organization

Daniel Gomez Blanco
Foreword by Ted Young, OpenTelemetry Co-founder

Apress®

First published in English under the title Practical OpenTelemetry; Adopting Open Observability
Standards Across Your Organization by Daniel Gomez Blanco, edition: 1
Copyright © Daniel Gomez Blanco, 2023
This edition has been translated and published under licence from APress Media, LLC, part of
Springer Nature. APress Media, LLC, part of Springer Nature takes no responsibility and shall not be
made liable for the accuracy of the translation.
Japanese-language edition copyright © 2025 by O'Reilly Japan, Inc. All rights reserved.
This translation is published and sold by permission of Springer Nature, the owner of all rights to
publish and sell the same.

本書は、株式会社オライリー・ジャパンがSpringer Natureの許諾に基づき翻訳したものです。日本語版
についての権利は、株式会社オライリー・ジャパンが保有します。

日本語版の内容について、株式会社オライリー・ジャパンは最大限の努力をもって正確を期していますが、
本書の内容に基づく運用結果について責任を負いかねますので、ご了承ください。

訳者まえがき

　本書は書籍「Practical OpenTelemetry」の日本語訳です。OpenTelemetry（しばしばOTelとも書かれ、「オーテル」と発音されたりします）を実践するにあたり、その前提となるオブザーバビリティの知識と、OpenTelemetryの利点や活用でのポイントをまとめた本です。

　翻訳時点では、OpenTelemetry仕様はv1.42.0です。これは原著の前提であるv1.16.0と比較するといくつもの更新があり、代表的なものとしては次のものがあります。

- シグナルのタイプとして、プロファイリングが追加されています。プロファイリングは、コードレベルでCPUやメモリのリソース使用状況に関する洞察が得られ、メトリクスやログなど他のテレメトリーと合わせて問題解決ができるようになります。
- 「自動計装」という用語が「ゼロコード計装」と呼ばれるようになっています。これについては4章で補足しています。
- OpenTelemetry Connectorのコンポーネントタイプとして、コネクターが追加されています。これについては9章で補足しています。

　他にも、セマンティック規約の追加や新たなライブラリ計装の追加、さらに仕様や実装のステータスの変更などを含めると、把握しきれないほどさまざまな変更があります。OpenTelemetryやKubernetesなどのオープンソースプロジェクトを管理するCloudNative Computing Foundation（CNCF）のブログ「2024 year in review of CNCF and top 30 open source project velocity（https://www.cncf.io/blog/2025/01/29/2024-year-in-review-of-cncf-and-top-30-open-source-project-velocity/）」によると、OpenTelemtryはCNCFにおいて2番目に活発なプロジェクトであり、実際、GitHubでのイシューとプ

ルリクエストの数はKubernetesを超えているほどです。仕様やAPI、セマンティック規約の後方互換性を保ちながら、活発な進化が続いています。今後もカバレッジが広がり、ライブラリやベンダーを巻き込んだエコシステムとして発展していくでしょう。

本書とあわせて、『オブザーバビリティ・エンジニアリング』(ISBN978-4-8144-0012-6、オライリー・ジャパン　刊)と『入門OpenTelemetry』(ISBN978-4-8144-0102-4、オライリー・ジャパン　刊)をお読みいただくことをおすすめします。『オブザーバビリティ・エンジニアリング』では、オブザーバビリティという概念が現れた背景や従来のモニタリングとの違い、実現方法、組織への展開など、オブザーバビリティについて幅広く語られています。『入門OpenTelemetry』は、OpenTelemtryの概念や導入方法について、コンパクトにまとめられた本です。この2冊を合わせて読むことで、オブザーバビリティとOpenTelemetryについての知識、プラクティス、導入についての理解がさらに深まるでしょう。

本書の翻訳にあたり、多くの方のご協力が不可欠でした。レビューに参加していただいた門多恭平 (@plan9user) さん、角田勝義 (@sukatsu1222) さん、逆井啓佑 (@k6s4i53rx) さん、佐々木千枝さん、末永真理さん、中上健太朗 (@_knakagami_) さん、西村和基 (@JuliToni_) さん、松田陽佑 (@ymtdzzz) さん、山口能迪 (@ymotongpoo) さん短い期間の中でしたが、多くのレビューをいただき、本当にありがとうございました。みなさまのご指摘により、より価値のある翻訳に至ったと確信しております。

また、編集を担当していただいたオライリー・ジャパンの瀧澤昭広さんにも感謝申し上げます。『オブザーバビリティ・エンジニアリング』に続いてご担当していただきました。瀧澤さんのご尽力なしには本書は存在できなかったでしょう。

最後に、普段の私を支えてくれている妻と娘にも感謝しています。子の成長は早いものだと日々実感しているところです。

2025年3月

大谷 和紀

まえがき

　技術は波のようにやってきます。そして現在、オブザーバビリティのトピックは大きな変化を経験しています。

　私は2005年からインターネットサービスの開発と運営を続けてきました。その間、業界全体は、キャパシティプランニングとサーバーのラッキングの世界から、オンデマンドで仮想マシンをスケーリングする世界へと大きく変わりました。現在、私たちはさらに進化し、そのような複雑なデプロイメントを管理するために、分散オペレーティングシステムの開発に取り組んでおり、Kubernetesが現在のOSの主流になっています。まだプラグアンドプレイが登場する前のデスクトップOSのように感じますが、日々状況は変化しています。

　しかし、そうしたシステムを「どのように観測するか」という課題は、今も昔も変わりません。私たちの技術スタックは飛躍的に進化し、劇的な変化を遂げてきましたが、市場に出回っている監視やオブザーバビリティ製品を見ると、20年前に使っていたNagiosやMunin、syslogといったツールをダクトテープでつなぎ合わせたスタックと比べて、根本的には大きな違いがありません。ダッシュボードが少し美しくなった程度で、実質的には変わっていないのです。

　これが、私が2019年にOpenTelemetryプロジェクトを共同設立した理由です。20年の経験を経て、現在の限界が何であるかを理解し、もっと良くできる方法があると確信しています。

だから、「三本柱」などという、古いシャギードッグ[†1]のことはもう忘れてしまいましょう。オブザーバビリティをテレメトリーと分析の2段階に分けて、ゼロから始めましょう。テレメトリーとは、私たちがシステムをどのように記述し、それらの記述をどのように伝達するかです。分析とは、データを手に入れた後にそれを使って何をするかです。

利用可能なすべてのデータを、一貫性をもって一緒に分析したいのであれば、データは一貫性をもってまとめられなければなりません。憶測や直感に頼ることなく、さまざまなデータ間で効果的な相関関係を見出すためには、データストリームを同時に、単一のストリームとして収集する必要があります。

私たちは、システムを計装する方法を理解するだけでなく、そのデータを管理する方法も理解しなければなりません。データ量が非常に多く、さまざまな要件が課されているため、テレメトリーパイプライン自体の管理が牙を剥いてくる可能性があります。

そこで登場するのがOpenTelemetryです。OpenTelemetryは、ログ、トレース、メトリクスを互いに意味のある形で相関させるために設計されており、データを変換して送信するための便利なツールとサービスを提供しています。

しかし、私たちがOpenTelemetryを作った理由は、単に技術的なゼロからの再設計が必要だったからだけではありません。そう、標準化です。堅牢で共有された標準がなければ、ベンダーロックインが進行し、断片化された世界に閉じ込められてしまいます。テレメトリーは、システム全体にわたる横断的な関心事であり、計装が至るところで必要です。そのため、テレメトリーシステムを変更するのは高コストで困難な作業になります。分析ツールを変更するたびに、こうした作業を繰り返したくはありません。理想的には、テレメトリーが組み込まれたソフトウェアがあれば、それだけで十分なのです。

今日、700以上の組織から7,000人以上の貢献者（コントリビューター）を得て、OpenTelemetryはこのミッションを達成し、業界で広く受け入れられる業界標準となりました。

だからこそ、OpenTelemetryの導入を検討すべきなのです。そして、あなたがこの

---

†1　翻訳注: シャギードッグ（Shaggy Dog）とは、通常「シャギードッグ・ストーリー」として使われる表現で、冗長で長々と続く話やジョークの一種です。話の途中で複雑な展開やディテールがたくさん盛り込まれるのに、最後にはあっけないオチやほとんど意味のない結末で終わることが特徴です。

本を手にしているということは、おそらくすでに検討してることでしょう！だから、本当に知りたいことは…どう使えばいいの？

　現実として、高品質のオブザーバビリティには先行投資が必要であり、組織全体の行動計画が必要です。長い期間本番環境で稼働しているシステムは複数の起源を含んでおり、すでにインストールされているさまざまなテレメトリーツールに寄せ集められています。このテレメトリーの毛玉を、クリーンで統一された、非常に効果的なシステムに安全に変換することは、気が遠くなるような作業になり得ます。

　しかし、このような戦略を学ぶのに、実際の経験豊富な実践者以上に最適な人物はいるでしょうか？それがDanielです。彼はOpenTelemetryの貢献者ですが、それ以上に重要なのは、彼はOpenTelemetryのユーザーでもあります。彼は怒りながらも、広範囲にわたって使っています。そして彼は、親愛なる読者であるあなたが着手しようとしているかもしれない、大きな組織変革の多くを成功させてきたのです。

　それでは、この本を楽しんでください！

Ted Young

OpenTelemetry 共同設立者

はじめに

　テレメトリーは現代の生活の一部です。私たちは、周囲の概念や物体の現在の状態を記述するデータを常に評価しています。これにより、情報に基づいて判断をし、行動を最適化できるようになります。ランニングに出かける前に天気予報を確認することで、適切な服装やギアを選べますし、運動中にペースやバイタルサインを追跡することで、トレーニングプランを調整する際にも非常に役立ちます。適切なテレメトリーを活用することで、私たちの生活をより簡単で安全にするだけでなく、たとえば部屋の温度（サーモスタット）や車輪の回転速度（トラクションコントロールシステム）のような、特定の条件に自動的に反応するメカニズムを構築できます。

　ソフトウェアシステムにおいても同様に、テレメトリーによって複雑なアーキテクチャを高いパフォーマンスと信頼性を確保しながら、効率的に運用できます。非構造化ログ形式はもっとも基本的な形式のテレメトリーであり、エンジニアがローカル環境でスクリプトをデバッグする際には役立つかもしれません。しかし、本番環境で複数のクラスターにまたがる分散システムを運用する際には、あまり役に立たないでしょう。

　システムから直接収集したテレメトリーの品質を向上させるだけでなく、スタック内の複数のコンポーネントから発信されたデータを相関させるためにも、標準とアウト・オブ・ザ・ボックス[†1]の計装がとても重要になります。モダンなアプリケーションは単独で動作することはなく、生成されるテレメトリーもそのように設計されるべきではありません。そのため、効果的なオブザーバビリティは、システム全体を俯瞰して分析できるツールである必要があります。従来のオブザーバビリティの3本柱（トレース、メ

---

†1　翻訳注：アウト・オブ・ザ・ボックス（out-of-the-box）とは「箱から出してすぐに使える」ということを指し、最小限のセットアップで実務に役立つことを意味します。オブザーバビリティ業界に限らず、SaaSベンダーが好む表現です。

トリクス、ログ）のような分離されたビューではなく、統合的な分析を提示することで、本番環境において直感に頼らず、証拠に基づいた方法でリグレッションを検出し、デバッグできるのです。

　本書では、テレメトリーのシグナル全体にオープン標準を実装する必要性、そして、そのようなプラクティスが本番サービスをスケールさせて運用する際に得られる付加価値、さらに、CNCFプロジェクトであるOpenTelemetryが、ベンダー非依存のオープンソースAPI、SDK、プロトコル、およびテレメトリーデータを計装し、エクスポートし、伝送するためのツールセットを提供することで、効果的なオブザーバビリティをどのように支援するかについても詳細に説明します。これらはすべて、オブザーバビリティのベンダーやオープンソースプロジェクト、個人の貢献者から成る大規模なコミュニティによって支えられています。

　OpenTelemetryプロジェクトは、アプリケーションの計装方法だけでなく、オブザーバビリティベンダーの価値提案も変革しています。現在、ベンダーはオープンソースコンポーネントへの積極的な貢献者として、ベンダー非依存のコンポーネントを通じてテレメトリーの計装を共同で改善しつつ、標準化された構造化データから得られる洞察によって独自の価値を提供できます。この変化を理解することは、オブザーバビリティを最大限に活用し、障害解決時間を短縮しつつエンジニアリング労力を最小限に抑え、計装レイヤーでベンダー依存を避けたいと考える際に、「買うか作るか」の決定に重要な影響を与えるでしょう。

　ソフトウェアシステムにオブザーバビリティを実装するためには、OpenTelemetryの各構成要素の設計や目的、そしてそれらがどのように連携しているかを理解することが不可欠です。本書の核となる部分は、これらのコンポーネントを実践者の視点から解説し、オブザーバビリティと運用監視の分野での年月を通じて得られたヒントや推奨事項を提供し、読者が適切な目的のために適切なシグナルを使用できるように導くことを意図しています。まず、OpenTelemetry仕様やセマンティック規約の一般的なウォークスルーから始めます。これらはすべてのテレメトリーシグナルを一連の標準の下で統一し、すべてのオブザーバビリティツールが同じ共通言語を話せるようにするためのものです。

　本書では、バゲッジ、トレース、メトリクス、ログといったシグナルの種類ごとに、アプリケーション計装に必要なAPI、SDK、ベストプラクティスについて、手動による計装とライブラリによる自動的な計装の両方を解説します。これらのシグナルの一

般的な使い方を、Javaの短いコードスニペットで説明し、それぞれの概念を理解しやすくします。ただし、これらのスニペットは独立して考慮されることを意図しており、他のOpenTelemetryデモ環境の一部ではなく本書の補足資料としてソースコードが提供されているわけでもありません。これは意図的なもので、プロジェクトは公式のOpenTelemetryデモ (https://github.com/open-telemetry/opentelemetry-demo) を提供しています。OpenTelemetryデモはOpenTelemetryコミュニティによって維持され、多くのオブザーバビリティベンダーと統合されており、サポートしている複数の言語での計装が紹介されています。これは、本書で議論されているコンセプトを読者が実際に試して、もっとも慣れ親しんだオブザーバビリティ製品を使って、生成されたテレメトリーを評価する最良の方法です。また、4章では、OpenTelemetryと統合されていない既存のアプリケーションを自動的に計装するという、OpenTelemetryの強力な機能を紹介しています。読者がこのサンプルスタックを素早く立ち上げられるように、ソースコードと設定が本書の製品ページ (https://www.apress.com) を通じてGitHubで公開されています。詳しい情報は、https://www.apress.com/us/services/ の source-code セクションをご覧ください。

OpenTelemetry仕様、API、SDKは、後の章で詳述するように、強力な安定性と後方互換性の保証に支えられています。それにもかかわらず、プロジェクトとそのコンポーネントは進化を前提に設計されています。本書は、以下のコンポーネントのバージョンに準拠するように執筆されています。

- 仕様 v1.16.0
- Java (Java計装) v1.21.0
- Collector (Contrib ディストロ) v0.68.0/v1.0.0-RC2
- Collector Helm Chart v0.44.0

組織レベルのオブザーバビリティのベストプラクティスは、個々のサービスの個別の計装に関連するベストプラクティスを超えたものとなります。オブザーバビリティの価値は、共通の作業単位の一部としてテレメトリーコンテキストを共有するサービスの数が増えるにつれて、指数関数的に増加します。OpenTelemetryは導入を促進するために、既存のAPIやフレームワークと容易に統合できる機能を提供していますが、最終的には、必要なコンポーネントを設定し、アプリケーションがなテレメトリーを生成することを保証するのはサービスオーナーの責任です。本書の後半では、複数のシステム

にシームレスに導入し、移行時の摩擦を最小限に抑えつつ、本番環境のワークロードを計装する組織に必要となるテレメトリー機能の利点について説明します。これらのベストプラクティスを大規模なデプロイに適用することで、オブザーバビリティの質を維持しながら、テレメトリーの転送コストやストレージコストを最適化することも可能です。

最高のテレメトリー計装やオブザーバビリティツールがあっても、それをエンジニアがフルに活用しなければ、その真価は発揮されません。本書の最後のパートでは、分散システムを支えるチームの監視やデバッグのプラクティスをどのように改善し、エンジニアリングリードが変革を促進してオブザーバビリティの価値を最大化するかに焦点を当てます。「ハンマーしか道具がないなら、すべてが釘に見える」という古いことわざがありますが、長年にわたって、システムの設計とデプロイの方法が進化する中で、それらをオブザーブ（観測）する手法も適応していく必要があります。OpenTelemetryは優れたツールを提供しますが、それらを適切に活用するためには、私たちがその使い方を学ぶことが重要です。

表記上のルール

本書では、次に示す表記上のルールに従います。

太字（Bold）
：新しい用語、強調やキーワードフレーズを表します。

等幅（Constant Width）
：プログラムのコード、コマンド、配列、要素、文、オプション、スイッチ、変数、属性、キー、関数、型、クラス、名前空間、メソッド、モジュール、プロパティ、パラメーター、値、オブジェクト、イベント、イベントハンドラー、XMLタグ、HTMLタグ、マクロ、ファイルの内容、コマンドからの出力を表します。その断片（変数、関数、キーワードなど）を本文中から参照する場合にも使われます。

ヒントや示唆を表します。

はじめに | **xv**

興味深い事柄に関する補足を表します。

注意あるいは警告を表します。

コードサンプルの利用

技術的な質問やコード例に問題があった場合はjapan@oreilly.co.jpまでご連絡ください。

本書は、あなたのお仕事をお手伝いするためのものです。一般に、本書がサンプルコードを提供している場合、あなたのプログラムやドキュメントに使用できます。コードの重要な部分を複製するのでない限り、許可を得るために私たちに連絡する必要はありません。たとえば、本書のコードのいくつかのスニペットを使用したプログラムを書く場合、許可は必要ありません。オライリー・ジャパンから出版されている書籍のサンプルを販売または配布する場合は、許可が必要です。本書を引用し、サンプルコードを引用することによって質問に答えることは、許可を必要としません。しかし、あなたの製品の文書に本書からのサンプルコードを大量に取り入れることは、許可を必要とします。

私たちは感謝しますが、通常、帰属表示を要求することはありません。帰属表示には通常、タイトル、著者、出版社、ISBNが含まれます。たとえば、『実践OpenTelemetry』（Daniel Gomez Blanco　著、大谷和紀　訳、ISBN978-4-8144-0103-1）といった具合です。

もし、コード例の使用がフェアユースや上記の許可から外れると思われる場合は、japan@oreilly.co.jpまでお気軽にご連絡ください。

オライリー学習プラットフォーム

オライリーはフォーチュン100のうち60社以上から信頼されています。オライリー学習プラットフォームには、6万冊以上の書籍と3万時間以上の動画が用意されています。

さらに、業界エキスパートによるライブイベント、インタラクティブなシナリオとサンドボックスを使った実践的な学習、公式認定試験対策資料など、多様なコンテンツを提供しています。

https://www.oreilly.co.jp/online-learning/

また次のページでは、オライリー学習プラットフォームに関するよくある質問とその回答を紹介しています。

https://www.oreilly.co.jp/online-learning/learning-platform-faq.html

意見と質問

本書の内容については、最大限の努力をもって検証、確認していますが、誤りや不正確な点、誤解や混乱を招くような表現、単純な誤植などに気がつかれることもあるかもしれません。そうした場合、今後の版で改善できるようお知らせいただければ幸いです。将来の改訂に関する提案なども歓迎いたします。連絡先は次の通りです。

株式会社オライリー・ジャパン：
電子メール japan@oreilly.co.jp

本書のウェブページには次のアドレスでアクセスできます。

https://www.oreilly.co.jp/books/9784814401031/

オライリーに関するその他の情報については、次のオライリーのウェブサイトを参照してください。

https://www.oreilly.co.jp/
https://www.oreilly.com/（英語）

謝辞

私は、本を成功裏に書き上げるには、3つの主な要因、つまり経験、動機、そしてサポートによって推進されると信じています。書くべき何かが必要であり、それについて

はじめに | **xvii**

他の人に伝えたいという願望があり、それを実現するために必要なバックアップと応援が必要です。幸運にも、これらすべての分野で感謝すべき多くの方々がいます。

まずは、Skyscannerが革新を奨励し、オープンソースの価値を具現化し、毎月数百万のユーザーに対して高信頼のサービスを提供する環境を作り上げてくれたことに感謝します。この環境のおかげで、複雑な分散システムに起因する数々の課題に取り組む経験を得ることができ、多くの優秀なエンジニアから学ぶ機会をいただきました。特に、Doug Borland、Stuart Davidson、Paul Gillespieに感謝しています。彼らの信頼とサポートのおかげで、テレメトリー転送と計装に関するオープン標準の導入を組織全体に推進する機会を得て、数十のチームでオブザーバビリティのベストプラクティスを実装する手助けができました。また、Ted Young、Michael Hausenblas、Paul Bruceにも感謝しています。彼らとの洞察に満ちた会話により、私自身を含め、多くの人々がテレメトリー計装のオープン標準を推進する動機を得ることができ、学習と協力の文化が育まれました。OpenTelemetryのコミュニティが非常に特別な存在であるのは、彼らのような素晴らしい人々のおかげです。

Apressがこの本を書く機会を与えてくれたこと、そしてこのアイデアを最初に提案してくれたJonathan Gennickに心から感謝しています。2022年の私の抱負にはなかったことですが、まったく後悔していません！最後に、スペインとスコットランドの家族に感謝します。特に、余暇を使って本を書くという過酷な努力に加え、ライフイベントがさらに重なる中での彼らのサポートは、私にとってかけがえのないものでした。また、私のパートナーであるNicola Blackの愛とサポートに感謝します（本書のグラフには彼女自身のデータも含まれています）。Nicolaは私が心から尊敬する存在であり、毎日、より良い人間であろうと私を動機付けてくれる人です。あなたがいなければ、この成果は達成できませんでした。

目　次

訳者まえがき v

まえがき vii

はじめに xi

第 I 部　オブザーバビリティの必要性と OpenTelemetry　　1

1章　オブザーバビリティの必要性 3

1.1　なぜオブザーバビリティが重要なのか 3

1.2　コンテキストと相関関係 8

1.3　まとめ 14

2章　OpenTelemetryを使ったオブザーバビリティの実現 ... 17

2.1　OpenTelemetryのミッション 17

2.2　オープン標準の力 19

2.3　ベンダーの付加価値の変化 23

2.4　まとめ 27

xx | 目次

第Ⅱ部　OpenTelemetryのコンポーネントとベストプラクティス　　29

3章　OpenTelemetryの基本..31

3.1　OpenTelemetry仕様..31

　　3.1.1　シグナルとコンポーネント..33

　　3.1.2　安定性と設計原則..36

　　3.1.3　トレース...38

　　3.1.4　メトリクス...39

　　3.1.5　ログ...41

　　3.1.6　バゲッジ...42

　　3.1.7　コンテキスト伝搬..43

　　3.1.8　計装ライブラリ..44

　　3.1.9　リソース...44

　　3.1.10　コレクター...45

　　3.1.11　OTLPプロトコル...45

3.2　セマンティック規約...46

　　3.2.1　リソース規約..48

　　3.2.2　トレース規約..50

　　3.2.3　メトリクス規約..51

　　3.2.4　ログ規約...52

　　3.2.5　テレメトリーのスキーマ...53

3.3　まとめ...53

4章　自動計装..55

4.1　リソースSDK...55

4.2　計装ライブラリ...58

　　4.2.1　Javaエージェント...62

　　4.2.2　Javaでのスタンドアローン計装...70

4.3　まとめ...71

目次 | **xxi**

5章　コンテキスト、バゲッジ、プロパゲーター **73**

5.1　テレメトリーコンテキストとContext API 73

5.2　Baggage API 78

　　5.2.1　W3C Baggage 仕様を使用した伝搬 80

5.3　サービス間コンテキストと Propagators API 81

　　5.3.1　プロパゲーターを設定する 86

5.4　まとめ 87

6章　トレース **89**

6.1　分散トレースとは何か？ 89

6.2　Tracing API 92

　　6.2.1　トレーサーとトレーサープロバイダー 92

　　6.2.2　スパンの作成とコンテキストの相互作用 93

　　6.2.3　既存のスパンにプロパティを追加する 99

　　6.2.4　エラーと例外を表現する 102

　　6.2.5　非同期タスクのトレース 103

6.3　Tracing SDK 107

　　6.3.1　スパンプロセッサーとエクスポーター 109

6.4　トレースコンテキストの伝搬 111

　　6.4.1　W3C TraceContext 112

6.5　まとめ 114

7章　メトリクス **117**

7.1　測定、メトリクス、時系列 117

7.2　Metrics API 121

　　7.2.1　メーターとメータープロバイダー 121

　　7.2.2　計装の登録 122

　　7.2.3　計装型 126

7.3　Metrics SDK 131

　　7.3.1　集約 133

　　7.3.2　ビュー 137

　　7.3.3　イグザンプラー 140

　　7.3.4　メトリクスリーダーとエクスポーター 142

| 7.4 | まとめ | 148 |

8章　ログ　149

8.1	オブザーバビリティのためのログが目指すところ	149
8.2	Logging API	153
	8.2.1　Logs APIインターフェイス	155
	8.2.2　Events APIインターフェイス	156
8.3	Logging SDK	158
	8.3.1　ログのプロセッサーとエクスポーター	159
8.4	ログフレームワークとの統合	160
8.5	まとめ	162

9章　プロトコルとコレクター　165

9.1	プロトコル	165
	9.1.1　OTLP/gRPC	167
	9.1.2　OTLP/HTTP	169
	9.1.3　エクスポーターの設定	169
9.2	コレクター	170
	9.2.1　デプロイ	174
	9.2.2　レシーバー	176
	9.2.3　プロセッサー	178
	9.2.4　エクスポーター	181
	9.2.5　エクステンション	184
	9.2.6　サービス	184
9.3	まとめ	187

10章　サンプリングと一般的なデプロイモデル　189

10.1	一般的なデプロイモデル	189
	10.1.1　コレクターなしモデル	191
	10.1.2　ノードエージェントモデル	192
	10.1.3　サイドカーエージェントモデル	195
	10.1.4　ゲートウェイモデル	197
10.2	トレースサンプリング	200

	10.2.1	確率サンプリング	202
	10.2.2	テイルベースサンプリング	208
10.3		まとめ	212

第Ⅲ部　OpenTelemetryを組織に展開する　215

11章　摩擦を最小限に抑えて導入を最大化する 217

11.1	テレメトリー整備への投資	217
11.2	OpenTelemetryを導入する	221
	11.2.1　未開拓の環境	221
	11.2.2　OpenTracingとの互換性	222
	11.2.3　OpenCensusとの互換性	224
	11.2.4　その他のテレメトリークライアント	226
11.3	まとめ	227

12章　オブザーバビリティの導入 229

12.1	デバッグワークフローの転換	229
12.2	コンテキストを拡張する	234
12.3	テレメトリーの価値を維持する	238
12.4	まとめ	241

索引	243

第 I 部
オブザーバビリティの必要性と OpenTelemetry

1章
オブザーバビリティの必要性

　ここ数年、テクノロジー業界で**オブザーバビリティ**という言葉の人気が高まっています。OpenTelemetryを深く掘り下げ、どのようにして私たちのシステムをよりオブザーバブル（観測可能）にしていくかを見ていく前に、まずオブザーバビリティが何であるか、そして何よりも、特に現代の分散システムにおいてそれがなぜ必要なのかを理解していきましょう。

1.1　なぜオブザーバビリティが重要なのか

　多くの人にとって、オブザーバビリティはソフトウェア開発のキャリアの初期段階から始まっています。通常、コードの実行が特定の関数や分岐に入ったときに「いまここ」のようなメッセージを出力するprint文が、スクリプトのあちこちに点在しています。何らかの変更を加え、スクリプトを再度実行し、何か違うものが表示されることを期待します。

　これはもっとも単純でおそらくもっとも非効率的なデバッグ方法であり、ローカルで数行のコードを実行する以上にスケールしないのは明らかですが、スクリプト実行の内部的な洞察が得られるため、コードが何をしていて、変更がどう影響しているかを理解するのに（多少は）役立ちます。一般用語で言うオブザーバビリティ[†1]とは、外部出力の観測から内部状態をどの程度推測できるかを測るシステムの品質です。これは1960年に、Rudolf E. Kálmánが制御システム理論の概念として初めて説明したもので、論文「On the general theory of control systems」の一部として、https://ieeexplore.ieee.

---

†1　翻訳注：オブザーバビリティは、制御工学分野では「可観測性」と翻訳されています。

4 | 1章　オブザーバビリティの必要性

org/document/1104873に掲載されています。任意の時点でシステムが生成するテレメトリーを評価することで、そのシステムの構成要素がどのようにふるまっているか、確信を持って断言できる場合に、システムはオブザーバビリティを持つと言えます。オブザーバビリティがなければコントローラビリティ[†2]もありません。オブザーバビリティによって、変更と期待する結果との間でフィードバックループを閉じられるからです。

　対象となるシステムの性質によって、監視すべき主なシグナルが異なる場合がありますが、その定義は同じです。信頼できる方法で変更を適用するためには、望ましくない副作用が発生した場合に適切に対応しなければならず、システムの状態を把握するために生成されたテレメトリーに対する信頼が必要になります。たとえば、トランザクショナルシステム[†3]を考慮した場合、クライアント（エンドユーザーや依存する他のサブシステム）が体験するサービスの品質を反映するエラー率や応答時間といった重要業績評価指標（KPI）のリグレッション[†4]をデバッグするために、通常は高粒度な（詳細度の高い）洞察に興味を持つはずです。効率的なオブザーバビリティにより、サブシステムのパフォーマンスをリアルタイムで評価し、非常に複雑な分散システムだとしてもコンテキストとシグナルの相関関係を提供し、重要指標が許容されるしきい値から外れたときに、できるだけ迅速に自信を持ってデバッグできるようになります。

　読者は、最後の段落でシステムの信頼性のリグレッションに関して「もし外れたら〜」ではなく「外れた**ときに**〜」という表現を、意図的に使用したことに気づいているかもしれません。コンポーネント実装の変更、ホスティングしているインフラの不安定さ、人為的エラー、もしくは宇宙線の影響（J. F. Zieglerが論文（https://www.researchgate.net/publication/220499137_Terrestrial_cosmic_rays）で説明しているように）などの副作用として、システムはいずれ故障します。障害は常に発生するものであることを理解して、平均復旧／解決時間（MTTR）のようなメトリクスを追跡するのが、障害対応を改善するための第一歩となります。私たちが管理するシステムの信頼性を高める努力は、単にリグレッションの回避にだけ焦点を当てるのではなく、デバッグと修正にかか

---

†2　翻訳注：コントローラビリティは、制御工学分野では「可制御性」と翻訳されています。

†3　翻訳注：トランザクショナルシステムとは、取引や操作の一連のステップをサポートし、そのすべてのステップが確実に実行されることを保証するシステムを指します。金融取引や注文処理など、データの整合性と信頼性が重要なアプリケーションを想像してみてください。

†4　翻訳注：「リグレッション」は直訳すると「回帰」や「退行」で、アプリケーションのリリースなどの何らかの事象をきっかけとして、今まで持っていた性能が劣化することを指します。日本では「デグレード」もしくは「デグレ」と言われることも多いかもしれません。

1.1 なぜオブザーバビリティが重要なのか | **5**

る時間を改善することを常に考慮しなければなりません。

オブザーバビリティの観点からは、平均復旧時間（MTTRec: Mean Time to Recovery）と平均解決時間（MTTRes: Mean Time to Resolution）を区別することが重要です。この2つの用語はMTTRとして同じ意味で使われることもありますが、レジリエンス（回復力）のベストプラクティスを考慮すると、2つを切り離すことで、障害対応のライフサイクルのさまざまな部分に焦点を当てられるようになります。たとえば、N+1冗長システム[†5]を考えてみましょう。このパターンで、システム内のある1つのコンポーネントに障害が発生し、そこから回復するストーリーを考えます。実装方法がアクティブ/パッシブ構成[†6]かアクティブ/アクティブ構成かに関係なく、通常、障害があったコンポーネントを運用から外して、他の1つ以上のコンポーネントでその負荷を処理できるようにします。この場合、障害が完全に解決され、根本原因が特定されて障害のあるコンポーネントが修正されるか完全に交換される前に、このタイプのシステムが回復して通常通りトラフィックを処理できる可能性があることがわかります。したがって、これらの用語を次のように定義できます。

- 平均復旧時間（MTTRec）：障害発生開始から、システムが通常動作に戻るまでの時間
- 平均解決時間（MTTRes）：障害発生開始から、根本原因が特定され、修正がデプロイされるまでの時間

この2つの指標は、障害対応のライフサイクルでもっとも意味のある指標です。特に重要なのは、システムが通常動作に戻ったことを教えてくれる点です。しかし、この指標だけでは、障害対応管理の実践を最適化できるほど詳細ではありません。そのために、MTTResを以下のように細分化します。

- 平均検出時間（MTTD: Mean Time to Detect）：障害状態が実際に始まってから、人間または自動アラートによって検出されるまでの時間。平均特定時間（MTTI: Mean Time to Identify）とも呼ばれます
- 平均原因特定時間（MTTK: Mean Time to Know）：リグレッションが検出されてから、障害の根本原因が見つかるまでの時間

---

†5 翻訳注：N+1冗長システムとは、動作に必要な数に加えて1台余分に用意しておくことで、故障によるシステム停止を防止する仕組み。

†6 翻訳注：日本語では「アクティブ/スタンバイ」と呼ぶ方が一般的かもしれません。

- 平均修正時間（MTTF: Mean Time to Fix）：根本原因が特定されてから、修正がデプロイされるまでの時間
- 平均確認時間（MTTV: Mean Time to Verify）：修正がデプロイされてから、その対応に効果があると確認されるまでの時間

図1-1は、これら主要なメトリクスがどのように関連しているかのシナリオを示しており、システムが一時的に故障しているコンポーネントからトラフィックを迂回させることで自己回復する様子や、オブザーバビリティが障害対応の最適化にどのように影響を与えるかがわかります。

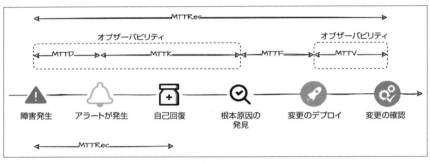

図1-1：障害対応のタイムラインにおけるオブザーバビリティ

オブザーバビリティツールは、MTTD、MTTK、MTTVを削減することに焦点を当てています。これは主に次の2つの重要な質問に答えるためです。

- 私のシステムは、期待通りに動作していますか？（MTTD、MTTV）
- 私のシステムは、なぜ期待通りに動作していないのですか？（MTTK）

これら2つの質問は似ているように聞こえるかもしれませんが、答えるために必要なテレメトリーの要件は大きく異なります。最近まで、ほとんどの取り組みは、システムが期待通りに動作しているかどうかを評価するために、大量のテレメトリーデータを生成することに集中していました。デバッグ体験が以前と同じならまだ良い方で、多くの場合、依存するサブシステムの事前知識に頼らざるを得ず、デバッグはより複雑になっていました。しかし、現在では、新しいオブザーバビリティの標準とツールにより、すべてのテレメトリーデータを相関させ、問題が発生したときに「何が変わったのか」を調べるのに必要なコンテキストを提供するための取り組みが進められています。

1.1 なぜオブザーバビリティが重要なのか | **7**

　マイクロサービスアーキテクチャと継続的デプロイメントパイプラインの普及により、レジリエンスが向上し、フィードバックループが高速化されました。私たちはシステムに対する変更をこれまで以上に速く自動でデプロイし、検証できるようになりました。欠陥のある変更は、通常、最初にデプロイしたのと同じ速さでロールバックでき、多くの場合、人間の介入なしに実行できるため、MTTFは大幅に削減されました。ロールアウトやロールバックに何時間もかかっていた週次や月次のデプロイの時代は、遠い過去のこととなりました。現代では、速く失敗し速く回復できることが、非常に信頼性の高いシステムや迅速なチームの重要な特性となっています。

　監視分野では、このような速いフィードバックループをサポートするために、MTTDとMTTVの最適化に多大な努力が費やされてきました。フェイルファスト[†7]のためには、リグレッションが発生したりサービスが正常に戻った際、できるだけ効率的に通知される必要があります。オープンソースの計装やメトリクスバックエンドの改善、運用監視のベストプラクティスの組み合わせにより、チームはシステムの重要な側面を監視し、アラートのスパムを減らして、より機敏な運用ができるようになっています。それにもかかわらず、多くのチームは依然として、障害発生時にコンポーネントごとのメトリクスダッシュボードや、複雑化した分散アーキテクチャが生成するアプリケーションログの海に頼りながら、初歩的なデバッグワークフローに取り組むしかありません。今こそ、MTTKを最適化し、エンジニアが障害の根本原因を迅速に特定するのに必要なテレメトリーコンテキストを活用し、複雑な分散システムを効果的にデバッグできるようにすることが求められています。

　標準化されたテレメトリー規約を使用してデバッグコンテキストを即座に提供することが、オブザーバビリティの主な目的です。複数のサービスから出力されるメトリクス、ログ、トレースなどのさまざまなシグナルからの異常を自動的に相関させることで、単一かつ包括的なデバッグ体験を実現します。これにより、エンジニアはさまざまなコンポーネントのリグレッションが他の依存関係にどう影響を与えるかを理解でき、最終的には「なぜ私のシステムは予想通りに動作していないのか？」という質問に答える際の認知負荷を低減できます。

---

†7　翻訳注：フェイルファスト（fail fast）とは、積極的に失敗することで、さまざまな不備や不具合に早く気づいて対応できるようになるという考え方です。

1.2　コンテキストと相関関係

　前節で説明したように、オブザーバビリティはシステムの現在の状態を監視することから始まり、私たちは年月を経てそれにかなり熟達してきました！当初、カスタム計装をするのは容易ではありませんでした。ほとんどのメトリクスはアプリケーション固有のものではなく、基盤となるホスト自体（CPU、メモリ、ネットワークなど）から提供されているものであり、構造化されたログを生成してクエリーする方法があれば幸運と考えられていました。この時点で、アプリケーションパフォーマンス監視（APM）のベンダーは、自動計装をして、システムおよびアプリケーションの洞察をクエリできる統合された体験を提供することに価値があると考えました。それから、オープンソースのメトリクスとログフレームワークが普及し、このデータを収集、転送、クエリするための多くの技術がリリースされたことで、すべてが変わりました。アプリケーションに特有の重要な側面を簡単に計装できるようになり、マイクロサービスアーキテクチャの採用が増加した結果として、ログの量とメトリクスの多様性は爆発的に増加しました。以前は明確に定義されたシステムの境界と、比較的よく知られた障害モードを表す単一のテレメトリー源がありましたが、今では多くの可動部品が存在し、それぞれが独自の障害モードと相互依存性を持ち、ユニークなテレメトリーを生成するアーキテクチャへと移行しました。その結果、システム運用の複雑さや認知負荷が指数関数的に増加しました。

　この問題に直面したチームは、管理するアプリケーションの既知の障害モードすべてに対して計装してアラートを作成することは、特に自動回復とレジリエンスのベストプラクティスを実装するように設計された分散システムにおいては逆効果であることを自覚し始めました。アラートスパムは現実の問題となり、平均解決時間に大きな悪影響を及ぼし、対処しきれないアラートの中にビジネスクリティカルなアラートが埋もれてしまい、重要なリスクに気づかなくなる可能性が高まりました。幸いなことに、サービスレベル合意（SLA）やサービスレベル目標（SLO）を導入し、これらの目標達成を妨げるリグレッションに焦点を当てたアラートを出すことで、チームは重要なリグレッションに集中できるようになり、健全な障害対応ワークフローを構築できるようになりました。それにもかかわらず、計装され保存されるメトリクスやアプリケーションログの量は膨大に増え続けています。結局のところ、本番環境でサービスをデバッグするためには、テレメトリーバックエンドに適切な質問を投げかけ、障害の根本原因を特定するために

必要な情報を引き出すことが唯一の方法です。保存されるデータが多ければ多いほど、答えられる質問の幅も広がります。これは、Brendan Greggが提唱したUSE（Utilization Saturation and Errors:https://www.brendangregg.com/usemethod.html）メソッドに沿ったトラブルシューティングのよく知られたパターンです。手作りのダッシュボードを使いながら、それ以外のメトリクスやアプリケーションログも調査して、ある程度の相関関係を示す詳細なイベントを探索することになります。

大規模分散システムで前述のパターンに従う場合、次のような質問が考えられます。

- ダッシュボードのメトリクスはもっとも重要なものですか？
- 他の逸脱しているシグナルを見逃していませんか？
- 問題は私たちのサービスによるものですか、それとも直接的・間接的に依存しているサービスによるものですか？
- 私たちのサービスの障害が、他のサービスやエンドユーザーにどのような影響を与えていますか？
- このリグレッションに関連する可能性のある、もっとも意味のあるエラーメッセージは何ですか？
- 取得したエラーメッセージがリグレッションと相関していることをどう確認できますか？
- 生成されているテレメトリーデータのうち、調査に何の価値も加えていないノイズはどのくらいありますか？

これらすべての質問に答えるには、運用中のシステムに関する広範な知識が必要です。たとえば、経験豊富なエンジニアであれば、サービスの応答時間の増加を見たときに、ガベージコレクションの増加や、ログで見つけられる可能性のある特定の例外に関連していることに気づくかもしれません。このアプローチは、シンプルでほぼモノリシックなシステムでは問題にならないかもしれませんが、新たにチームに参加したエンジニアに必要な学習とトレーニングを提供できる場合に限ります。認知負荷には限界があり、特に分散システムではその傾向が強まります。図1-2は、分散システムにおけるいくつかのサービス間の依存関係を表している最小限の例です。そのプラットフォームで幅広い経験を持つ熟練したエンジニアであっても、システム全体で発生し得る障害モードをすべて把握することは極めて困難です。そこで役立つのがオブザーバビリティであり、そのもっとも重要な2つの機能は**コンテキスト**と**相関関係**です。

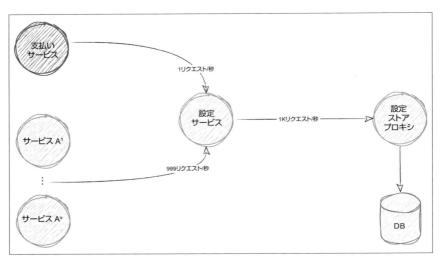

図1-2：分散システムにおけるパフォーマンスリグレッション

　分散システムは障害や自己回復を想定して設計され、より高度なレジリエンスを提供してきましたが、その一方で新たな、予測不能な障害モードをもたらしました。**図1-2**に示した図をベースに、次のシナリオを考えてみましょう。支払いサービス（Payment Service）の応答時間のリグレッションが検出され、支払い処理に予想以上に時間がかかっているようです。スループットの点では、支払いサービスは設定サービス（Config Service）の小規模なクライアントであり、設定サービスは設定ストアプロキシに依存し、その他多くのサービスからのリクエストを受け付けてトランザクションを処理しています。支払いサービスから見ると、すべてのトランザクションが遅くなっており、設定サービスとは別のチームであるそのオーナーは、設定サービスへのリクエストが予想よりも長くかかっていることと手動で関連付けます。彼らは設定サービスのオーナーに連絡を取りますが、設定サービスにとって支払いサービスはスループットの観点から主要な利用者ではないため、設定サービスのオーナーはアラートを受け取っていません。設定サービスのダッシュボードでは、95パーセンタイル[†8]のレイテンシーに変化はな

[†8]　翻訳注：パーセンタイルは百分位数とも言い、観測値を昇順に並び替えたものを百等分して、任意の値より小さな観測値の数が、どの位の割合になるかをパーセントで示した値のこと。

く、すべてが青信号[†9]です。設定サービスのオーナーが調査を開始したところ、確かに設定ストアプロキシ（Config Store Proxy）に対する特定パターンのリクエストのレイテンシーに小さな増加が見られ、これはDB内のデータのインデックスに関連している可能性がありました。このとき、設定サービスのオーナーは、支払いサービスのリグレッションが設定ストアプロキシのレイテンシー増加によるものであると、どのように確信を持って断言できるでしょうか。これは単純なシナリオですが、何百ものサービスがあり、1つのトランザクションに対して何十ものサービスを関与させるような大規模な分散システム全体でこれを考えてみてください。そのようなシナリオをデバッグするためには、**コンテキスト**が必要です。

　この例では、トランザクションIDのような標準的なトランザクション属性の形で、サービス間でのテレメトリーコンテキストを伝搬させると、支払いサービスを遅くしたトランザクションを特定し、これらのトランザクションの中だけで（つまり、設定サービスが他から受けているリクエストを考慮せずに）リグレッションの根源がどこにあるかを明確に示すパターンを見つけられます。たとえば、DBのインデックスが使われていないタイプのクエリーが特定できます。このコンテキストを提供することが、分散トレースにおけるコンテキスト伝搬の役割です。これはターボチャージャー[†10]付きのアプリケーションログのようなもので、サービスレプリカごとに独立したログストリームの代わりに、サービスやレプリカをまたいで個々のトランザクション（これをトレースと呼びます）に存在する高粒度なテレメトリーを見て、意味のある操作（これをスパン[†11]と呼びます）ごとにタイミングを計装できるようになります。かつては複数のチームが集まって調査していた障害も、今では発生する異常のトレースデータを見るだけで、システムに関する予備知識のない一人の担当者だけで特定できるようになりました。

　これだけでもMTTKを短縮する大きな改善ですが、障害対応のタイムラインを一歩さかのぼってみましょう。先ほどの障害シナリオでは、支払いサービスのエンジニアが、応答時間のリグレッションは設定サービスの遅延によるものであると手動で特定したと述べました。これは通常、オンコールのエンジニアが異なるメトリクス（この場合は支

[†9]　翻訳注: この箇所の原文は「green」で、日本語では一般的に「青信号」と呼びますが、実際には緑色であるというのがややこしいところです。

[†10]　翻訳注: ターボチャージャーとは、自動車のガソリンエンジンなどで排気の圧力を利用して圧縮した空気をエンジンに送り込むことで出力や熱効率を向上させる機構のことで、つまり、本来の能力を超えてパワーを発揮するという例えでしょう。

[†11]　翻訳注: スパンについては、「3.1.3 トレース」を参照。

払いサービス応答と設定サービスの応答時間）を見て、同時に誤った方向に動いていることを視覚的に比較することによって行います。私自身、画面上でグラフを動かして視覚的に合っているかどうか確認することは、認めたくないほど頻繁にあります！これには、前述したように、システムの事前の知識と、どのメトリクスが関連しているかを知る経験豊富なエンジニアが必要です。たとえば、あるサービスのテイルレイテンシー[†12]が増加した場合、私たちは直感的に、CPUスロットリングやガベージコレクションのメトリクスをチェックするでしょう。もし、オブザーバビリティツールの基本的な設定をしただけでその2つのメトリクスが関連していることを示したり、この異常に寄与した個別のトランザクションのサンプルを提示できるとしたら、障害をかなり速くデバッグできるようになるのではないでしょうか？

自動相関は、異常の原因を特定するために必要な時間を大幅に短縮できますが、魔法ではありません。テレメトリーデータが特定のセマンティック規約に従っており[†13]、複数のディメンションにわたって結合でき、同じコンテキストを共有する異なるコンポーネントが計装されていることに依存しています。サービスやチーム間でそのようなセマンティック規約に合意して適用するのは、多くの組織が長い間苦労してきたことです。そのような事前に合意された規約に従ったテレメトリーデータを簡単に計装して利用できるようにし、異常が検出された際には自動で相関できる可能性を最大限に高めるというのが、オブザーバビリティツールに求められます。

テレメトリーコンテキストと自動相関を活用することで、MTTKを速めるだけでなく、**テレメトリーノイズ**も削減できます。テレメトリーノイズとは、本番環境での障害の監視やデバッグに役立たないテレメトリーデータのことで、バックグラウンドでリソースを消費し、インフラや転送コストを増加させます。決してクエリーされず、アラートにも使われず、誰の目にも触れることがありません。また、余分なデータは、テレメトリーバックエンドへの負荷を増加させ、クエリーの応答時間を長引かせるリスクがあり、さらに、アラートノイズと同様に、関連性のない情報で結果を汚染され、障害対応を妨げる可能性があります。分散システムの例で考えると、トランザクションIDを手動でサービス間に伝搬させ、各リクエストのログやメトリクスを保存するのは非常に手間がかかり、中規模から大規模な組織で低遅延かつ高速なデータアクセスを実現するには法外

[†12] 翻訳注：テイルレイテンシーとは、大きなパーセンタイルでの応答時間のことで、「稀だけれど遅いものがある」場合に増加する傾向にあります。

[†13] 翻訳注：https://opentelemetry.io/ja/docs/concepts/semantic-conventions/

1.2 コンテキストと相関関係 | **13**

なコストがかかる可能性があります。さらに、そのようなアプローチでは、保存された
データの95%以上はデバッグでほとんど役に立たないでしょう。

　エラーや遅いユーザートランザクションとは関係がなく、「良い」トランザクションを
評価するために必要なサンプルサイズよりもはるかに大きなデータが生成されることが
あります。これは、エラーや遅いリクエストのみをログに記録し、その他のリクエスト
をランダムにサンプリングしてログに記録するという単純な方法で解決できるように思
えますが、サービスレプリカ単体では、現在のリクエストが良好なトランザクションの
一部であるか、悪いトランザクションの一部であるかを判断するために必要な情報が
得られません。サービスレプリカは、その範囲内のデータしか確認できないためです。
オブザーバビリティツールと標準テレメトリーにより、データのサンプリングをよりス
マートに行い、意思決定を行う際にトランザクション全体を考慮できるようになります。
これにより、システムレベルでリグレッションをデバッグする際に関連する情報のみを
保存し、無駄なデータを減らすことができます。

　技術的に可能な限りテレメトリーデータを保存しないというこのコンセプトは、多く
の人にとって直感に反するように聞こえるかもしれません。高粒度なデータが効率的な
オブザーバビリティの要件であることを考えると、特にそう思えるでしょう。ストレー
ジとコンピューティングリソースが安価になったことで、「後で必要になったときのた
めに、すべてを保存しておこう」という傾向が長年続いてきました。これは、リグレッ
ションをデバッグする際に、テレメトリーバックエンドに対して適切な質問をするため
に、運用対象のシステムに関する事前かつ広範囲な知識が必要だった時代には理にか
なったアプローチでした。結局のところ、障害の最中にはどのような質問が必要になる
かがわからないのです。私たちはすでに、経験豊富な人間が大規模な分散システムが
遭遇する可能性のある障害モードをすべて予測するのは、もはや不可能であることを
理解しています。そして、オブザーバビリティシステムに問題を知らせてもらうのであ
れば、デバッグに必要のない情報はすべて破棄してもらうべきでしょう。

　これにより、さらに興味深いトピックが浮かび上がります。それは、オブザーバビリ
ティデータと、監査やビジネスデータとの分離についてです。これらの要件は大きく異
なるものの、できるだけ多くのテレメトリーデータを保存するという歴史的な必要性か
ら、多くの場合、同じデータパイプラインで生成、転送、保存されてきました。小規模
なシステムでは問題ありませんが、システムが大きく複雑になるにつれて、低遅延と完
全性といった要件を同時に満たすことが指数関数的に困難（そして高価）になります。

14 | 1章　オブザーバビリティの必要性

　オブザーバビリティシステムの主な焦点は、最新のテレメトリーデータを迅速に取得し、デバッグを容易にするための洞察を自動的に引き出すことです。この目的を達成するためには、テレメトリーの遅延はテレメトリーがないのと同じです。ある意味で、ソフトウェアシステムの運用は車の運転に似ています。運転には、意思決定に役立つテレメトリーが必要であり、私たちは皆、100%の時間帯において10分遅れの速度を教えてくれる車よりも、99.9%の時間帯において現在の速度を教えてくれる車を選びたいと思うでしょう。

　オブザーバビリティは、異なるタイプのデータのユースケースと要件を分離するのに役立ちます。たとえばリクエストの監査には、特定の条件と一致する個々のレコードを見つけられるように、データセットの完全性が要求されます。記録が欠落していると、重大な影響が生じる可能性があります。しかし、このようなデータの収集にはある程度の遅延が許容され、クエリー性能は主な関心事ではありません。この種のデータは、オブザーバビリティシステムが提供する低遅延や自動相関よりも、一貫性と安価なストレージのために最適化できます。

　さまざまなタイプのテレメトリーシグナル（メトリクス、トレース、ログなど）と、それらの特徴、制約、使用事例を理解することも、健全なオブザーバビリティ機能を維持するための重要な要素です。これらのシグナルを1つの標準の下で相関できるようにすることで、オブザーバビリティはテレメトリーの冗長性を減らし、コストを最小限に抑え、パフォーマンスを最大化するのに役立ちます。エンジニアは、適切なツールを適切な場所で使用することで、障害対応をより迅速に解決できます。

1.3　まとめ

　長年にわたり、私たちのシステムはより高度なパフォーマンスと信頼性を提供するように進化してきましたが、すべてのソフトウェアシステムがそうであるように、障害から自由であるわけではありません。今日の現代的な分散マイクロサービスアーキテクチャや、これまでの監視とデバッグの慣行は、システムを大規模かつ効果的に運用するには、もはや不十分です。本番環境でのリグレッションへの対応とデバッグにかかる時間を最小限に抑えるためには、オブザーバビリティの実践が必要であり、つまり複数のテレメトリーシグナルをそれぞれに適した目的で利用することを取り入れる必要があります。また、オブザーバビリティツールはサービスをまたぐシグナルを相関させて、

根本原因を特定するための必要なコンテキストを、適切なタイミングかつ最小限の認知負荷でエンジニアに提供する必要があります。

本書の各章で見ていくように、OpenTelemetryはこれらのベストプラクティスを言語やフレームワークにわたって標準的な方法で実装するために必要なツールを提供し、開発者がソフトウェアを簡単に計装し、システムのオブザーバビリティを強化できるようにします。

2章
OpenTelemetryを使った
オブザーバビリティの実現

前章では、オブザーバビリティの**なぜ**と、本番システムにおける障害のデバッグを速めるためのテレメトリーコンテキストや相関といった重要な概念の価値について説明しました。さて、OpenTelemetryについて深く学ぶときが来ました。まず始めに、オブザーバビリティのベストプラクティスを実現するために、このCloud Native Computing Foundation（CNCF）プロジェクトは、サービスを計装することについての考え方をどのように変えようとしているのかを説明するのがベストでしょう。

2.1　OpenTelemetryのミッション

まずは https://opentelemetry.io/community/mission/ を開いて、OpenTelemetryの核となる価値観と特にそのミッションステートメントを見ていきましょう。

> 高品質でポータブルなテレメトリーをユビキタスにすることで、効果的なオブザーバビリティを実現する

このミッションステートメントは短いですが、意味が凝縮されています。**効果的なオブザーバビリティ**については、1章で、現代の分散システムではシステムの監視とデバッグに全体的なアプローチが必要であり、サービス間で異なるシグナルを相関させて迅速にリグレッションを警告し、効率的に根本原因を見つけるために必要なデバッグコンテキストを提供する必要があるということを見てきました。OpenTelemetryはオープン標準とツールを提供して、テレメトリーシグナルの3つの主要なタイプ（メトリクス、トレース、ログ）の計装、収集、そして転送を実現します。また、シグナルやサービス間でテレメトリーコンテキストが伝搬される方法を標準化して、異なるアプリケーション

から発せられるテレメトリーをオブザーバビリティフレームワークやベンダーがすぐに相関できるよう、一連の命名規則を提案しています。

オブザーバビリティを効果的にするためには、開発者がシステムを計装しデバッグする際に、適切な種類のシグナルを適切な目的で使用することを学ぶ必要があります。たとえば、SLOの監視とアラートには、アプリケーションログよりも低粒度のメトリクスを使ってダッシュボードやアラートを構成する方が信頼性が高まります。しかし、メトリクスが常にデバッグに最適な解決策とは限りません。多数の一意な属性値が存在すると、メトリクスのバックエンドに望ましくない副作用を引き起こす可能性があるためです。本書の各章では、これらの概念や使用事例、ベストプラクティスを取り上げて、どのシグナルをどの目的で使用するのが良いかを明確に理解できるようにしていきます。実際、アプリケーションを効率的に計装することは決して簡単な作業ではありません。これまで、その作業は主にアプリケーションのオーナーに依存しており、第三者が作成したライブラリに計装を追加する（そして何よりも保守する）ことが特に困難でした。

計装がテレメトリープラットフォームやメトリクス、トレース、ログをエクスポートするパイプライン（多くの場合、別々のシステムで提供されている）と密結合している場合、ライブラリ開発者は1つまたは複数のフレームワークを選択するか、ライブラリのユーザーに自ら計装を行うように任せる必要があります。たとえば、HTTPクライアントの開発者がリクエストやレスポンスのメトリクスを生成したい場合、使用するメトリクスのSDK（StatsD、Prometheusなど）を選ぶ必要があります。しかし、選択したSDKは他のメトリクスバックエンドとは互換性がないことが多く、その結果、ユーザーはライブラリの保守者がサポートするフレームワークに縛られるか、ライブラリのオーナーが複数のSDKをサポートするという重荷を負うことになります。現代のクラウドネイティブシステムではオープンソースフレームワークが増加しているため、ライブラリの保守者とそのユーザーにとって管理が困難になる可能性が高まります。

OpenTelemetryは、テレメトリー計装のための安定した、後方互換性のある疎結合なAPIのセットを提供することで、ライブラリのメンテナーやアプリケーションのオーナーが一度計装すれば、（データを）どこにでもエクスポートできるようにします。OpenTelemetry APIを使用することでライブラリ開発者は、生成されるテレメトリーがデータをエクスポートするために使用されるどのSDKやプロトコルとも互換性があるという事実に頼ることができます。どのSDKやテレメトリープラットフォームを使用す

るかの決断は、アプリケーションが設定されデプロイされる時点まで先送りできます。これにより、コードは適切な人、つまり、そのコードを書いた人によって計装されるようになります。

これらの理由から、オープンソースやサードパーティーのライブラリやフレームワークでOpenTelemetryが採用されるにつれてテレメトリーは**ユビキタス**になっていきます。アプリケーションのオーナーは、自動計装を活用することで、保守しているアプリケーションに関する洞察を得るために必要なトイルやエンジニアリングの労力を劇的に減らすことができます。

2.2　オープン標準の力

テレメトリーを計装して転送するためのAPIとプロトコルのセットを提供するだけでは、必ずしも**高品質**なデータが得られるわけではありません。開発者がオープンで後方互換性のあるAPIに依存できるようになると、システムに計装する責任を適切な手に委ねることになりますが、たとえばリクエスト応答時間などのメトリクスに対して、もしHTTPクライアントライブラリの作者それぞれが異なる名称やラベルで命名すると決めてしまったらどうなるか、想像できますか？もしくは、現在のトランザクションを特定するための情報を伝搬するときに、それぞれのライブラリが独自のヘッダーを使用するとしたら、どうなるでしょうか。このように生成されたデータを使って、シグナルを自動的に相関させ、デバッグのために豊かなコンテキストを提供するツールを構築しようとしても、新しいライブラリやフレームワークが増えれば増えるほど、維持がほぼ不可能になるでしょう。残念ながら、それを想像する必要はありません。これは我々が長年生きてきた世界そのものであり、その結果、メトリクス、トレース、ログがバラバラになっています。OpenTelemetryがこの使命を達成するためには、APIや開発者が従うべき一連の標準（スタンダード）が不可欠です。

標準は私たちが周囲の世界を理解する方法を形作り、そうでなければほとんど協力できなかったはずの、独立したグループ間のコミュニケーションを促進するものです。たとえば国際単位系（SI）の定義について考えると、これにより、スペインの研究チームがインドの研究チームと簡単に共同作業を行えるようになります。両者が異なる言語を話していても、秒やメートルが何を表すかは理解しています。そのような標準に基づいて一般に理解されている単位（秒やメートル）を使って表現できるため、速度や加速

度のような他の概念についても簡単に話し合えるようになります。このような基準に依存する技術は、測定を定義する共通の前提があるため、ユーザーは簡単に利用できます。もっとも重要なことは、標準が私たちの生活をより安全にするということです。測定値の伝達ミスは非常に大きな損害を引き起こす可能性があります。1999年9月23日に火星気候探査機が消失した事例がもっとも有名でしょう。この探査機は目標軌道に投入される前に予想よりも近く火星に接近し、火星の大気に飲み込まれたか、もしくは火星の重力を逃れて行方不明になりました。探査機の消息は今日でも不明です。測定の失敗は、2つの異なるソフトウェアシステムで異なる単位系を使用していたことに起因しています。NASAは国際単位系を使用し、ロッキード・マーチンは米国慣用単位系を使用していました。

すべての科学分野で国際単位系が標準として採用されたことで、研究協力が促進され、より迅速で安全な技術の進歩につながっています。残念ながら、ソフトウェアテレメトリーの標準は若干微妙な状況にあり、このような欠陥事例を見つけるために、世界規模の事例をわざわざ探す必要はありません。障害対応中の意思疎通の失敗は、同じ組織内にあるチームの間でも起こり得ます。障害対応の現場では、エンジニアが異なるメトリクスやログ間の相関関係を手動で見つけようすることは珍しくありません。それぞれが異なる命名や属性を使用しており、結果として、根本原因の特定と解決に時間がかかります。

OpenTelemetryは命名規則、プロトコル、シグナル、コンテキスト伝搬フォーマットに関する一連の標準を提供しています。

- 開発者は、多くのフレームワークやベンダーがテレメトリーをサポートしていることを理解し、アプリケーションを計装するための明確な基準に従うことができます
- クライアントとサーバーは、広くサポートされている仕様を使って、互いにテレメトリーコンテキストを伝搬できます
- アプリケーションのオーナーは、障害対応時の誤解を最小限にしながら、複雑な分散システムを最小限の認知負荷でデバッグできます
- オブザーバビリティベンダーやオープンソースのテレメトリープラットフォームは、共通のオープン標準に基づいて、自動分析ツールを提供し、デバッグを容易にできます

これらの標準については次章で詳しく説明しますが、まずは、1章で詳述した支払い

サービス（Payment Service）のリグレッションを考えて、OpenTelemetryで計装したシステムがMTTKをどれだけ劇的に削減できるかを評価してみましょう。図2-1は以前のユースケースを、いくつかの重要なシグナルで注釈しています。

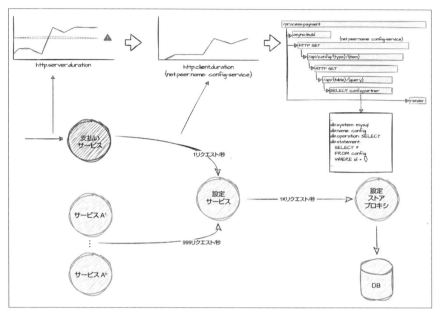

図2-1：セマンティック規約を使用した分散システム

このことを念頭に置いて、オープン標準を使うことでデバッグの進め方にどのようなメリットをもたらすかを見てみましょう。

1. 支払いサービスのエンジニアは、HTTPサーバーが生成するアプリケーションの応答時間を測定している組み込みメトリクス http.server.duration[†1]でリグレッションのアラートを受けます。
2. オブザーバビリティツールはすぐに、HTTPクライアントの自動的に計装した

---

†1 翻訳注：翻訳時点では、http.client.durationメトリクスはhttp.client.request.durationメトリクスに置き換えられています。他のメトリクスも含めた規約の移行に関するガイドはhttps://opentelemetry.io/docs/specs/semconv/non-normative/http-migration/#http-client-duration-metricを参照。

`http.client.duration`メトリクスのうち、設定サービス（Config Service）への
リクエストを意味する`net.peer.name: config-service`属性を持つものとの相
関を示します。両者のメトリクスは類似のリグレッションパターンのようです。
これは、同じ`net.peer.name: config-service`属性を持つ`HTTP GET`操作のよう
な、支払いサービスの個別のトランザクションにリンクすることもできます。

3. 支払いサービスは設定サービスが受けるリクエストの0.1%しか占めていないに
もかかわらず、自動コンテキスト伝搬のおかげでエンジニアは問題のトランザク
ションを直接調べ、高粒度なデータで注釈された個々の操作を確認できます。こ
れには直接の依存関係ではない設定ストアプロキシ（Config Store Proxy）が実行
したデータベースクエリーを含みます。エンジニアはデバッグの過程で他のチー
ムを巻き込むことなく、特定のテーブルへのクエリーがリグレッションの根本原
因であることを確認します。データベースのオーナーがクエリーパフォーマンス
を最適化するためのインデックス調整やキャッシングを追加できるようになりま
す。

これは非常に単純なシナリオですが、命名規則やコンテキスト伝搬の標準がなけれ
ば、2つか3つの別のチームがそれぞれの対応を調整し、すべてのシグナルを手動で相
関させる必要があります。実際の分散システムでは、サービスの依存関係ツリーは通
常この例よりも数倍広く深くなり、指数関数的に複雑化し、人間が妥当な時間内でデ
バッグタスクを達成するのは非常に困難になります。つまり、リグレッションのデバッ
グにかかる認知負荷を下げ、関与するシステムの事前知識をほとんど必要としないレ
ベルにすることが、効果的なオブザーバビリティの目標となります。

図2-1のような小さなサブシステムでは、その範囲内でOpenTelemetryを利用する利
点を享受できますが、大規模な分散アーキテクチャで計装されたコンポーネントの数が
増えるにつれて、このオープン標準の価値が高まることは容易に理解できます。結局の
ところ、標準は広く採用されている場合にこそ真価を発揮します。そうでなければ、競
合する標準が単純に1つ増えただけで、もともと解決しようとしていた問題をかえって
助長するリスクがあります。

OpenTelemetryは、できるだけ容易に採用できるようにすることに加えて、それま
で広く使用されていて、現在は非推奨となっている2つの標準を統合する形で作られ
ており、新たな競合標準が増える問題を避けるよう構想段階から設計されています。
テレメトリー標準化の必要性は、クラウドコミュニティではOpenTelemetryプロジェ

クトが始まるずっと前から認識されており、同じような目的を持つ2つの競合するソリューションが人気を集めていました。それが、OpenTracing（CNCFプロジェクト）とOpenCensus（Googleオープンソースコミュニティプロジェクト）です。2019年5月、これらのプロジェクトのメンテナーたちは両者を統合することを決定し、それまで得られた教訓と経験を活かして、OpenTelemetryを立ち上げました。すでにこれらのプロジェクトについて詳しい読者であれば、OpenTelemetryの設計に両方のプロジェクトの要素が反映されていることに気づくでしょう。

2.3　ベンダーの付加価値の変化

　OpenTelemetryのミッションを詳しく分析する際に議論すべき最後の重要な側面は、テレメトリーを**ポータブル**にすることです。これにより、エンジニアや組織がシステムを計装する際にベンダー非依存を保ち、テレメトリープラットフォーム間で簡単に移行できるようになります。

　また、サービスを計装する際、どのバックエンドやプロトコルを選ぶかの決断を、アプリケーションの設定段階まで先延ばしにできるという、開発者にとっての良い影響についても議論してきました。しかし同様に、オブザーバビリティツールとしてオープンソースのテレメトリープラットフォームやサードパーティーベンダーを採用する組織にとっても、このポータビリティが重要なポイントです。

　計装標準の場合と同様に、OpenTelemetryが真のオブザーバビリティ標準というゴールを達成するためには、テレメトリーバックエンドやオブザーバビリティプラットフォームの幅広い採用が不可欠です。CNCFの一員であるOpenTelemetryは、クラウドコンピューティングプラットフォーム上でスケーラブルなシステムを開発、デプロイ、運用するために、多くの一般的なオープンソースプロジェクトで協力している大規模なコミュニティからサポートを受けています。2022年8月時点で、市場価値総額22兆ドル、資金516億ドル、825人のメンバーが、1,125のプロジェクトで協力しています（最新情報はhttps://landscape.cncf.io/で入手可能です）。OpenTelemetryに貢献しているメンバーには、Grafana Labs、New Relic、Splunk、Lightstepなどのオブザーバビリティベンダーの他、Microsoft、Google、Amazon、Red Hatなどのビッグテックも含まれています。現在、オブザーバビリティに関連する多くの組織が製品機能の一環としてOpenTelemetryとの統合をサポートしており、企業の中には顧客からのテレメト

リーを取り込むためにOpenTelemetryのみを利用しているところもあります。同時に、Prometheus、Jaeger、Pixie、Grafana TempoといったCNCFのオープンソースプロジェクトも、さまざまなシグナルタイプに対応するためにOpenTelemetryを統合しています。

CNCFプロジェクトにはSandbox、Incubating、Graduatedという成熟度レベルがあり、これらは図2-2にあるイノベーター、アーリーアダプター、アーリーマジョリティに対応しています。この分類はもともと、ジェフリー・A・ムーアが1991年のマーケティング書籍「Crossing the Chasm」[†2]で提案したものです。CNCFメンバー、広範なオープンソースコミュニティ、そして本番環境でOpenTelemetryを大規模に運用するアーリーアダプターのサポートのおかげで、2021年8月、OpenTelemetryはIncubatingプロジェクトになりました。

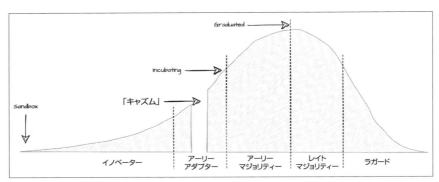

図2-2：https://www.cncf.io/projects における、CNCFプロジェクトの成熟度レベルに対応する技術選定ライフサイクル

この成熟度レベルに達成するためには、CNCFプロジェクトはCNCFのTechnical Oversight Committeeに対して以下を示す必要があります。

- 本番環境において、一定の品質とスコープで成功していること
- 貢献者と貢献の数が健全であること
- 明確なバージョン管理スキームとセキュリティプロセスが整っていること
- 仕様には、リファレンス実装が少なくとも1つ公開されていること

[†2] 翻訳注：『キャズム』（ジェフリー・ムーア 著、川又 政治 訳、ISBN9784798101521）。現在は『キャズム Ver.2』（ISBN9784798137797）に改訂されています。

これらのマイルストーンを達成したということは、アーリーアダプターを超えてアーリーマジョリティがプロジェクトを採用している段階に入ったことを意味します。そのため、OpenTelemetryを採用するという決断は、もはやCNCFのSandboxプロジェクトが持つ本質的なリスクとは無縁になります。プロジェクトは安定しており、これはつまり、オブザーバビリティツールの改善を望む企業にとって、競争環境が大きく変わることを示しています。

「買うか作るか」というテーマについては、多くの記事やブログ、書籍が公開されており、組織としてどちらを選ぶべきか、いくつかの要因に基づいて解説されています。本書ではどちらが優れているかを議論するつもりはありませんが、この決定にOpenTelemetryがどう影響を与えるかを評価することはできます。最近までは、組織には次の2つの選択肢しかありませんでした。

- オブザーバビリティベンダーを利用し、ベンダー固有のSDKやプロトコルに対応した計装エージェントを導入して、テレメトリーデータを生成、エクスポート、転送する
- オープンソースのテレメトリープラットフォームを利用し、インフラや計装、パイプラインの維持にエンジニアリングリソースを割り当てる。通常、複数のバックエンドを併用する

かつて、オブザーバビリティベンダーの価値は明確でした。コンパイル済みのエージェントを通じてシステムやライブラリの自動計装を提供し、すべてのテレメトリーデータにアクセスする統一的な方法を提供していたのです。これにより、サービスの計装に必要なエンジニアリング労力が軽減され、少なくとも理論上は、デバッグ体験も向上しました。しかし、その代償は一部の組織にとって高すぎるものとなりました。問題は金銭的コストだけではありません。大規模な組織でベンダー固有のエージェントやSDK、プロトコルに依存すると、ベンダーロックインが発生しやすくなります。別のベンダーやオープンソースソリューションに移行する際には、エージェントの再インストールや、最悪の場合、独自に計装したコードの修正が必要になります。複数のチームが関与する場合、これらの変更は小さな作業では済まず、組織全体での調整が求められます。また、自動計装を利用する場合、選定したオブザーバビリティベンダーが常にオープンソースライブラリの更新に対応する必要があります。これは、複数のクラウドネイティブ技術を組み合わせて使いたいアーリーアダプターにとって、導入への大き

な障壁となる可能性があります。

　一方で、これまで述べてきたように、断片化されたテレメトリーが原因で、障害の根本原因を迅速に見つけることが難しくなる問題があります。オープンソースのオブザーバビリティソリューションを導入する際、組織はインフラストラクチャやパイプラインといったツールの維持にエンジニアリングリソースの大部分を費やしてしまい、サービスを計装するチームを支援するための十分な時間や予算が残らず、サービスやシグナル間で相関できる高品質のテレメトリーデータを生成する余裕がなくなることがあります。カスタム計装によってベンダーロックインは避けられるかもしれませんが、最終的には選択したオープンソースSDKと結合することになり、他のソリューションに移行するのが難しくなる場合があります。

　図2-3に示すように、OpenTelemetryはテレメトリーの状況を劇的に変え、「買うか作るか」の決断に新たな視点をもたらします。オブザーバビリティベンダーにとっては、システムの計装をオープン標準に基づいてライブラリ開発者やプラットフォームプロバイダーに委ねることで、自らのリソースを、構造化され標準に準拠したテレメトリーデータに対して高度な分析や相関を提供することに集中できます。同様に、オープンソースのテレメトリープラットフォームも、同じオープン標準の上に構築されるため、テレメトリーシグナル全体にわたって一貫して扱えるようになります。

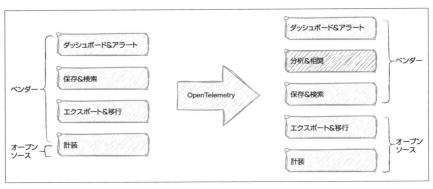

図2-3：ベンダー vs オープンソースの境界の変化

　オブザーバビリティを向上させたい組織にとって、これは選択の自由を意味します。組織全体で異なるベンダーやオープンソースソリューションの間で大規模な移行を実施する際にも、計装レイヤーや転送レイヤーが影響を受けないことが保証されます。

OpenTelemetryを採用することで、組織はデータの出力先にかかわらず、オープン標準に基づいた高品質のテレメトリーデータを生成することに集中でき、長期的なオブザーバビリティ戦略を策定する上で、より有利な立場に立つことができます。

2.4 まとめ

OpenTelemetryは、サービスの計装やテレメトリーバックエンドへのデータエクスポートの考え方を刷新し、分離されたサービスやシグナルを統合し、高品質でコンテキスト化されたデータを用いた分散システムの相関ビューを提供します。この取り組みは、OpenTracingとOpenCensusという2つの人気テレメトリープロジェクトを統合した成果であり、オブザーバビリティベンダー、テック企業、個々のコントリビューターからなる強力なコミュニティの支えによって、もっとも活発なCNCFプロジェクトの1つとなりました。技術採用のライフサイクルにおいても、アーリーアダプターを超え、アーリーマジョリティに達しています。

3章では、OpenTelemetryがベンダー非依存の方法でテレメトリーを計装し、出力し、転送するオープン標準を提供するというミッションを果たすための、コンセプトと構成要素を探っていきます。

第Ⅱ部
OpenTelemetryのコンポーネントとベストプラクティス

3章
OpenTelemetryの基本

　ここまで、従来の運用監視のプラクティスを用いたオブザーバビリティを実装する際の課題と、OpenTelemetryが提案するその課題に対する異なるアプローチについて議論してきました。いよいよ、プロジェクトの基本について詳しく見ていきます。本章では、プロジェクトの構造を理解するのに役立つ重要な概念を取り上げ、さまざまなOpenTelemetryコンポーネントがどのように関連しているかを説明していきます。次に、ポータブルで高品質なテレメトリーデータの主要なクロスシグナルの側面の1つであるセマンティック規約について詳説します[†1]。

3.1　OpenTelemetry仕様

　さまざまな言語、さまざまなプラットフォームにわたってテレメトリーデータのサポートを提供することは、OpenTelemetryの重要な価値の1つです。これを効率的で信頼性が高く、標準的な方法で達成するためには、システムの計装やテレメトリークライアントのサポートを提供する際に開発者が遵守すべき、合意されたガイドライン、要件、期待値のセットが欠かせません。

　OpenTelemetry仕様は、あらゆるコンポーネントが実装が仕様に準拠しているとみなされるために満たすべき要件を記した、生きた文書です。これにはAPI、SDK、データ構造、セマンティック規約、プロトコル、その他の言語横断的なコンポーネントが含まれます。これにより、異なる言語やフレームワークの間でOpenTelemetryパッケージ

[†1]　「セマンティック規約」の定義については次を参照してください。https://opentelemetry.io/ja/docs/concepts/semantic-conventions/

の一貫性と安定性が確保され、テレメトリーバックエンドやオブザーバビリティツール
に対するサポートを保証します。また、OpenTelemetryのメンテナーとサービスを計装
するエンドユーザーが考慮すべき、設計原則とベストプラクティスも提案しています。

2021年2月に仕様のバージョン1.0.0がリリースされ、トレース、コンテキスト、バ
ゲッジ[2]のAPIとSDKの仕様が安定しました。これはプロジェクトにとって大きなマイ
ルストーンであり、トレースクライアントがOpenTelemetryに準拠して実装できること
を意味しています。その後まもなく、Java、Python、Go、Node.js、Erlang、.NETのリ
リース候補が公開され、それぞれが後に1.0リリースになりました。

仕様は生きた文書として、常に見直され、改善され、必要に応じて拡張されていま
す。バグ修正やその他の小さな変更は、GitHubでホストされているプロジェクトから
一般的なオープンソースプロセスを通じて貢献できます。その貢献はイシューを開いた
りプルリクエストを送信したりして、メンテナーとの共同作業としてレビューされ、マー
ジされます。大規模な作業、特に言語やコンポーネントにまたがる機能を追加、修正、
拡張するような変更にはhttps://github.com/open-telemetry/otepsでOpenTelemetry
Enhancement Proposals（OTEP）の作成と承認を含む、より本格的なプロセスが必要で
す[3]。このプロセスはKubernetes Enhancement ProposalやRust RFCのような既存のプ
ロセスに基づいており、プロジェクトの方向性に意味のある影響を与える可能性のある
戦略的な変更を承認したり拒否したりするために必要なすべての側面が確実に考慮さ
れるようになっています。

たとえば、このOTEP（https://github.com/open-telemetry/oteps/pull/111）では、
リソース情報の自動検出メカニズムの利用方法を標準化するOpenTelemetry仕様を追
加しようとしています。詳細は本章で後ほど説明しますが、これはテレメトリーの生
成元によって出力されるすべてのテレメトリーにデフォルトの属性を追加するもので、
デバッグには不可欠です。このプロポーザルでは、特定言語へのOpenCensusおよび
OpenTelemetry実装に存在する既存のソリューションを取り入れ、すべてに共通のア
プローチを提案しています。

OTEPが承認されて仕様に統合された後、提案の影響を受ける関連コンポーネント

---

† 2　翻訳注：「バゲッジ」についてはこの後、3.1.6で解説します。
† 3　翻訳注：翻訳時点で、参照先のリポジトリはpublic archiveとなっており、次のURLを参照する
　　　よう案内されています。https://github.com/open-telemetry/opentelemetry-specification/tree/
　　　main/oteps/

でイシューが作成され、要求された変更が実装されると、その状態が適宜更新され、特定バージョンの仕様に対して準拠している旨が示されます。

仕様書には通常、文書の上部にその現在のライフサイクル段階を示す**ステータス**があります。取り得る値は以下の通りです。

- **明示的なステータスなし**：Experimental（次の項目を参照）に相当します
- **Experimental**：仕様と実装に対して、破壊的変更が許可されます
- **Stable**：破壊的変更は許可されず、実装に対する長期的な依存が可能です
- **Deprecated**：文書の編集上の修正のみが許可されます

これらに加えて、ライフサイクルのどの段階においても、ドキュメントは**Frature-freeze**（機能凍結）状態になる可能性があります。これはメンテナーが新しい機能の追加を受け付けていないことを示し、通常、仕様コミュニティが他の側面に集中できるようにします。

OpenTelemetry仕様の最新バージョンと現在のステータスは、以下のURLで公開されています。
https://opentelemetry.io/docs/reference/specification

3.1.1　シグナルとコンポーネント

OpenTelemetryはシグナルという概念を中心に構築されています。シグナルとは、特定の観測領域におけるテレメトリーの一種です。メトリクスやログのようにソフトウェア業界で長年使われてきたシグナルもあれば、トレースやバゲッジのように比較的新たにオブザーバビリティツールキットに追加されたものもあります。OpenTelemetryはシグナルに加えて、全シグナルで共有されるコンテキストという共通のサブシステムも提供しています。コンテキストは、分散トランザクションの一部としてインバンドデータ[†4]を伝搬するもので、サービスや言語間でのテレメトリー相関を取るために不可欠な要素であり、あらゆるシステムにオブザーバビリティを実装する際の鍵となります。

歴史的に、サービスを計装するとき、計装クライアントはデータを出力するバックエンドと互換性が必要であり、開発者は常にテレメトリーツールキットを自由に使えるわ

---

†4　翻訳注：インバンドデータ、もしくはアウトオブバンドデータに関しては、https://opentelemetry.io/docs/specs/otel/glossary/#in-band-and-out-of-band-dataを参照。

けではありませんでした。OpenTelemetryは、異なるタイプのテレメトリーに対して標準的な方法で統一されたアクセスを提供することで、開発者が各ユースケースにもっとも適したシグナルを選択できるようにします。

どんなシグナルを検討しているかにかかわらず、テレメトリー計装は設計上の横断的な関心事です。このため、アプリケーションはコードベースの膨大な部分にわたって、何らかの方法で計装クライアントに依存することが求められます。たとえば、ある関数の実行からメトリクスを生成するためには、その関数コード内または周囲でメトリクスクライアントを使用する必要があります。同じメトリクスクライアントは、互いに責務を共有しないアプリケーションの（それぞれの）部分を計装するために使用されます。このように関心事の分離が欠如しているのは、一般的に良いソフトウェア設計原則ではありませんが、テレメトリーのようなアプリケーション全体にかかわる機能を提供するなど、避けられない場合もあります。前章で見たように、ほとんどのメトリクスクライアントでは、これらの横断的な依存関係が実装層や転送層とも結びついている場合に、望ましくない副作用が発生する可能性があります。

このような、避けられない関心の分離の影響を最小限に抑えるために、OpenTelemetryの各シグナルは、横断的なパッケージとその実装を切り離すよう慎重に設計されています。各シグナルには主に以下の4つのパッケージがあります。

- **API**: 横断的な関心事に対する公開インターフェイスと最小限の実装。アプリケーションやライブラリは、テレメトリー計装のためこれに直接依存できます
- **セマンティック規約**: クラウドプロバイダー、デプロイメント、プロトコルなどの共通の概念に対して、シグナルや言語間で、テレメトリーに名前を付け、装飾する標準的な方法として使用する属性
- **SDK**: OpenTelemetryプロジェクトによって提供されるAPIのリファレンス実装。公開インターフェイスも提供しますが、これらはAPIの一部ではなく、独立したコンストラクターやプラグインインターフェイスを制御するために使用されます。たとえば、どのトレースエクスポーター（Jaegerエクスポーターなど）を使用するかを制御するためのプラグインインターフェイスを使用したり、手動計装用のトレーサーインスタンスを取得するためのコンストラクターを使用したりできます。SDKには、OpenTelemetry仕様に必要とされるOTLPエクスポーターやTraceContextプロパゲーターなどのコアプラグインも含まれています
- **Contrib パッケージ**: OpenTelemetryコミュニティによってメンテナンスされる、よ

く使われるオープンソースプロジェクトのためのプラグインや計装パッケージ。これらはオプションのパッケージであり、自動的にアプリケーションを計装したり、バックエンドにテレメトリーをエクスポートしたりするために、アプリケーションのオーナーが依存するかを決定できます

図3-1は、OpenTelemetryの主要なパッケージと、最小限の実装をともなう横断的なパッケージ、およびほとんどの実装を提供する自己完結型のパッケージとの違いを示しています。

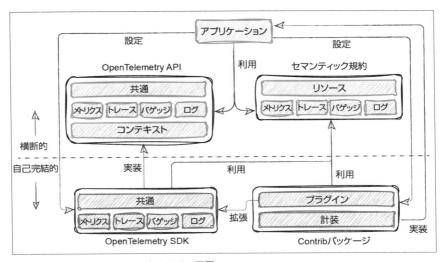

図3-1：OpenTelemetryのアーキテクチャ概要

APIとセマンティック規約を実装から切り離すことで、OpenTelemetryは強固に安定性を保証できます。ただし、これはサードパーティーのライブラリとエンドユーザーアプリケーションいずれかを計装する作者へ、APIにのみ依存するコードを書くように求め、同じ安定性要件を持たないSDKやcontribパッケージと計装コードの結合を回避することを要求します。

アプリケーション内でSDKを操作する箇所を最小限にするのが、安定性を高める良い方法です。横断的な関心事に対してAPIのみを利用するようにしておきましょう。これについては11章で詳しく取り上げます。

3.1.2 安定性と設計原則

　前述したテレメトリークライアントの設計は、アプリケーションのオーナーがサービスを計装する際に信頼できる一連の保証がなければ、あまり価値がありません。OpenTelemetryは、以下を提供することに重点を置いています。

- **常に後方互換性を保持するAPIを提供し**、アプリケーションオーナーの長期的な安定性を犠牲にすることなく、ライブラリやフレームワークの作者が計装できるようにします
- SDKのリリースは、コンパイルやランタイムエラーを発生させることなく最新のマイナーバージョンへのアップグレードを可能にし、実装のアップデートを容易にします
- 同じリリース内で異なるレベルのパッケージの安定性を共存させることで、安定したシグナルとともに実験的なシグナルの開発と早期採用を可能にするメカニズムを提供します

この目標を達成するために、OpenTelemetryのシグナルのパッケージには、明確に定義された**ライフサイクル**があります。

- **Experimental（実験的）**：この初期段階にはアルファ版、ベータ版、リリース候補版が含まれます。シグナルを統合しているクライアントは、マイナーバージョンの更新で破壊的変更が発生する可能性があり、長期的な依存は推奨されません
- **Stable（安定）**：この段階では、メジャーバージョンの変更が行われる場合を除き、API、SDKのプラグインインターフェイス、コンストラクターに対して破壊的変更は許されません。シグナルに対して長期的な依存が可能です
- **Deprecated（非推奨）**：代替となるシグナルが安定した後、このシグナルは非推奨になる可能性がありますが、Stableと同様に安定性が保証されます
- **Removed（削除済）**：破壊的変更としてリリースからシグナルを削除するには、メジャーバージョンアップが必要です

このシグナルライフサイクルにより、OpenTelemetryのコントリビューターや計装の作者は新しいシグナルをより自由に開発でき、チームや組織がライフサイクルを移行する際に統合を計画できます。個々のチームは、アルファまたはベータリリースで実験的なクライアントのテストを開始して本番環境での採用に備えられますが、組織全体で

は、特にAPIがまだ安定していないと考えられる場合、そのようなクライアントに依存することは推奨されません。シグナルとその主要なコンポーネントの現在のステータスは、https://opentelemetry.io/statusで確認できます。

OpenTelemetryのメンテナーは現在、OpenTelemetryの1.xを超えるメジャーバージョンをリリースする意向がないため、現在の1.xリリースにおけるStableなシグナルは、長期的な安定性が保証されています。

OpenTelemetryのバージョン2.xの計画は現在ないものの、OpenTelemetry仕様には長期サポートについて明確な定義があります。新しいメジャーリリースが発生した場合、前のメジャーリリースのAPIは最低3年間、SDKとContribパッケージは最低1年間サポートされます。

これまでに取り上げた安定性の保証は主に依存性の管理とパッケージの互換性に向けられていますが、OpenTelemetry仕様はまた、計装の作者が信頼できるランタイム体験を提供するための**設計ガイドライン**もカバーしています。テレメトリー計装は通常、アプリケーションのビジネスロジックから見て、それほどクリティカルなものではありません。計装対象のシステムのパフォーマンスや信頼性に影響を与えるよりも、テレメトリーデータが損失する方が望ましいとされています。仕様の詳細には触れませんが、この設計ガイドラインの主なゴールは以下の通りです。

- 実行時、APIやSDKから未処理の例外を投げません。誤って使用された場合でも、実装は安全なデフォルト動作を返します
- SDKが設定されていない場合、APIはno-op（何もしない）実装を返します。これにより、OpenTelemetryを設定していないユーザーの環境でも、ライブラリの作者は自分のコードを安全に計装できるようになります
- 実装は、エンドユーザーのアプリケーションを決してブロックせず、また、メモリを無制限に消費しないように、低パフォーマンスオーバーヘッドを念頭に置いて設計されています。さらに、個々のパッケージに対して厳格な性能試験が実施されています

これらの保証を念頭に置くと、OpenTelemetryのユーザーは自分たちの計装が長期的にサポートされるだけでなく、それがどこでどのように使用されても本番環境のワークロードを低下させないことを確信できます。

3.1.3 トレース

1章と2章で紹介したシンプルな支払いサービスの例では、分散システムをデバッグする際に、サービス間で伝搬されるトランザクションのコンテキストが重要であることを示しました。個々のトランザクションに対する高粒度の洞察を得ることで、複数のレイヤーによって分離されたシステム間のリグレッションを自動的に相関させられます。これが、トレースが本当に優れている点です。

この書籍全体を通じて私たちが「トランザクション」という場合は、データベースのトランザクションではなく、分散システム内の複数の操作やサービスによって通常実装される論理的な作業単位を指します。

ある意味では、トレースは強化され、標準化され、構造化されたアプリケーションログの一種です。歴史的に、個々のトランザクションをデバッグできるようにするために、アプリケーションのオーナーはログにtransaction_idやcorrelation_idのような属性を追加していました。相当なエンジニアリングの労力を払って組織内でカスタムプラグインを採用して、リクエストヘッダーから必要な属性を抽出して注入し、JavaのMapped Diagnostic Context（MDC）のようなメカニズムを使用してログを装飾し、そのような属性をサービス間で自動的に伝搬していたかもしれません。

このような作業を行っても、障害をデバッグするエンジニアはメトリクスバックエンドに対してクエリーを実行して手作業でログを結合し、個々のトランザクションを見ることしかできませんでした。これらのバックエンドは通常、特定のサービスから始まるすべてのトランザクションのすべてのログを表示したり、サービスやトランザクションを横断するログを結合したりするような複雑なクエリーは処理できませんでした。少なくともタイムリーにはできません。これでは確かに、効果的なオブザーバビリティとは言えません。

分散トレースはコンテキスト伝搬を利用して、このような多くの組織が採用しているプラクティスを自動化し、標準化します。クライアントサーバーモデルでの使用がもっとも一般的ですが、トレースはさまざまな方法で使用できます。共通の定義要素は、単一の共通操作の一部であるイベントの集合が、それらの間の因果関係によって接続されているという概念です。OpenTelemetryでは、そのようなイベントを**スパン**と呼びます。スパンはトレースの一部であるものの、トレースを定義する単一のイベントは存在

せず、スパン間の関係によって定義されます。

スパンはトランザクション内の単一の操作を表します。スパンは与えられた操作に費やされた時間を測定する個々の構造化ログと考えられ、他のスパンにリンクできる一連の標準属性が付加されています。図3-2はシンプルな分散トレースの例で、異なるサービスによって処理される一般的な操作を説明しています。スパンは開始と終了のタイムスタンプを含むため、通常、時間ディメンションで視覚化すると便利です。

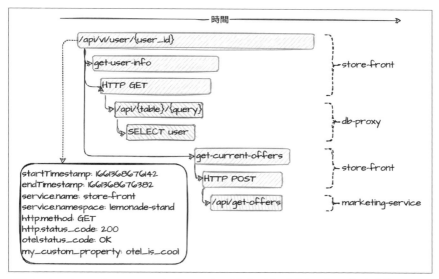

図3-2：store-front、db-proxy、marketing-serviceの3サービスを含む、シンプルな分散トレースの時間経過

3.1.4 メトリクス

メトリクスは、もっとも広く使用されているテレメトリーシグナルの1つです。メトリクスを利用することで、トレースやログよりも安定した方法で、さまざまな集約関数を使用して、測定値を経時的に監視できます。これによりチームは時系列のコレクション、つまり、属性の一意な組み合わせで注釈された時系列にわたる、一連のデータポイントとして表された主要なパフォーマンス指標を可視化し、アラートを発報することができます。メトリクスの生成はここ数年でますます簡単かつ強力になり、Prometheus、StatsD、Telegraf、Spring Metrics、Dropwizard Metricsなどのオープンソースプロジェ

クトにより、エンジニアはクライアントライブラリやコンテナサイドカー、エージェントなどを使ってアプリケーションを計装し、メトリクスをエクスポートできるようになりました。この人気によりしばしば、デバッグのために分散トレースの方が適している場面でも、カーディナリティ[†5]の高いメトリクスを使いすぎるという結果がもたらされました。計装する側から見て、OpenTelemetry以前からあるメトリクスクライアントには、少なくとも2つの制約がありました。

- データ転送はメトリクスをエクスポートするために使用されるクライアントに結合していました。たとえば、StatsDクライアントを使用して計装したメトリクスをPrometheusへエクスポートするには、アダプターが必要でした
- 測定に使う集約関数とディメンションは、計装時に事前定義されていました。計装の作者がヒストグラムを作成すると決めた場合、アプリケーションのオーナーは簡単に変更できず、別のコンポーネントで変換手順を追加する必要がありました

OpenTelemetryはこれまでに見てきたように、エクスポーターの選択をアプリケーションが実際に構成されるまで先延ばしにできるだけでなく、計装の作者がデフォルトの集約を持つ生の測定値を記録し、アプリケーションのオーナーが必要に応じて適用する別のデータ表現を決定できるようにもします。図3-3では、リクエストレイテンシーの生の**測定値**が個別に記録され、その後、ヒストグラムと合計の両方の**ビュー**を表示する様子を示しています。

---

†5　**翻訳注**：集合に含まれる要素の数のこと、詳しくは3.2.3で説明しています。

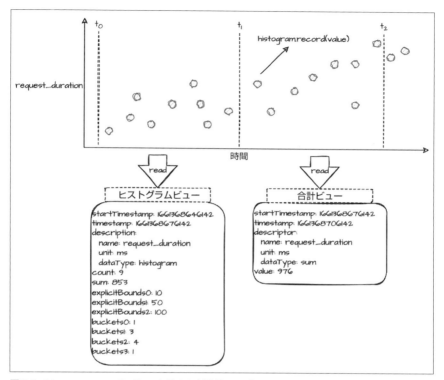

図3-3：histogram.record()でヒストグラムを記録し、デフォルトと合計で集約して可視化する

　OpenTelemetryのメトリクスは、エクスポーターや集約に関する決定を先送りにする柔軟性に加えて、分散トレースと同じ共有コンテキストを伝搬するエコシステムに統合されているため、メトリクスのデータポイントから分散トレーススパンのような他のシグナルへのリンクを**イグザンプラー**（Exemplar）として付加できます。これにより、メトリクスイベントが生成されたとき、そのときのアクティブなテレメトリーコンテキストに関する高粒度のデータを見られるようになります。

3.1.5　ログ

　ログは、他のどのタイプのテレメトリーシグナルよりも長い間使われてきました。あらゆる言語、ライブラリ、フレームワークに深く統合され、とても使いやすくなっており、何か1つのイベントを測定したいときに、ほとんどの開発者は依然としてlogger.

info("いまここ") のようなものを最初に思い浮かべます。

Twelve-Factor App の方法論は、2011 年に Heroku の開発者によって作成された、クラウドネイティブなデプロイメントのための広く採用されているベストプラクティスのセットです。その中では望ましいパターンとして、アプリケーションをログのルーティングやストレージから分離し、すべてのログをバッファなしで標準出力に書き出し、実行環境がそのストリームを処理し、適切にバックエンドにログをエクスポートすることを推奨しています (https://12factor.net/logs)。

ログを生成するのは簡単ですが、分散システム内、特に何百や何千ものサービスレプリカがログを生成する場合、コンテキストの欠如によって、従来のログを使ったデバッグの価値が大幅に低下します。多くのチームが長年続けてきた「すべてをログに記録する」という従来のアプローチでは、インフラストラクチャとネットワークに高いコストがかかり、障害対応中のエンジニアはコンテキストのない膨大なデータを処理しなければならなくなります。

執筆時点でログシグナルはまだ Experimental（プロトコルを除く）[†6]ですが、OpenTelemetry のメンテナーは、ユーザーに新しい独立した API を採用させるのではなく、既存のログフレームワークや標準と統合する必要があることを認識しています。SDK とデータモデルが提供されており、ハンドラー、アペンダー、コレクターのプラグインを介して既存のログフレームワークと統合することを目指しています。ログに関するプロジェクトの焦点は、既存のログにコンテキストを与え、他のシグナルと相関させるための標準化された属性を自動的に付加することです。

標準属性とカスタム属性を含む構造化ログを使用することで、ログとイベントの間には明確な境界線を引けます。両方とも同じ基本データ構造で表現可能ですが、その意味や意図は異なります。ロギング API は、ログとイベントの双方のユースケースに対応するため、アプリケーション開発者が直接使用することを意図していないログのインターフェイス（標準的なロギングフレームワークとの統合が強く推奨される）と、特定の属性セットでイベントを生成できるイベントのインターフェイスを提供しています。

3.1.6　バゲッジ

ある種の状況では、共通操作の一部として生成されるテレメトリーに、ユーザー定

[†6]　翻訳注：翻訳時点でのログのステータスは、Event API 以外は Stable です。最新情報は https://opentelemetry.io/docs/specs/status/#logging で確認できます。

義のキーと値のペアで注釈を付け、それをサービスや実行ユニット間で横断的に伝搬できることが望ましい場合があります。トレース情報がトランザクション内の操作間の相関を可能にする一方で、バゲッジはカスタムプロパティ上のシグナルを相関させる手段を提供します。たとえば、あるフロントエンドサービスを起点に、特定の機能フラグが有効になっている条件で、バックエンドサービスの特定スパンを複数のトレースにわたり追跡したいとします。この場合、フロントエンドサービスはバゲッジAPIを使って、現在のコンテキストに値を「セット」し、ネットワークコールにおいて依存関係へ自動的に伝搬させます。バゲッジが伝搬されるにつれて、他のサービスは現在のコンテキストからバゲッジの値を「ゲット」し、適切に活用できます。

3.1.7　コンテキスト伝搬

　オブザーバビリティにおいて、コンテキストは重要です。これは現在の実行に関する情報を公開し、スレッド、プロセス、またはサービス間で伝搬できます。これには、取り扱われているトランザクションに関する情報や、ある共通処理が複数コンポーネントにわたって実行される場面でのテレメトリー計装に役立つようなカスタムプロパティが考えられます。たとえば分散トレースは、現在のスパンとトレースに関する情報がアプリケーションの境界を越えて伝搬されることに依存しています。

　アプリケーション内でコンテキストを管理するために、OpenTelemetryはキーと値のペアを管理するクロスシグナルの**Context API**を提供しています。言語によって異なりますが、通常コンテキストは明示的に扱われません。つまり、開発者がメソッド呼び出し時にコンテキストオブジェクトを渡す必要はありません。たとえばJavaでは、デフォルトでスレッドローカルストレージに保存されます。この場合、APIは現在の実行コンテキストを取得、アタッチ、デタッチする方法を提供します。

　サービス間でコンテキストを伝搬するために、OpenTelemetryは**Propagators API**を定義しています。このAPIにより、サーバー計装は受信リクエストからコンテキストを抽出し、クライアント計装は発信リクエストにコンテキストを注入できます。たとえば、ネットワークリクエストの場合、コンテキストはリクエストヘッダーとして注入および抽出されます。多くのヘッダーフォーマット（B3やJaegerヘッダーなど）がサポートされていますが[7]、デフォルトではOpenTelemetry独自のTraceContextが使用され、

---

†7　翻訳注：翻訳時点で、Jaegerヘッダーの使用は非推奨となっています。https://www.jaegertracing.io/sdk-migration/#propagation-format

これは現在W3Cの推奨事項として承認されています（https://www.w3.org/TR/trace-context）。

3.1.8　計装ライブラリ

OpenTelemetryの目標の1つは、テレメトリーを至るところで利用できるようにすることです。多くのライブラリでは、OpenTelemetryの計装をライブラリの作者が直接追加し、アプリケーションが生成するその他のテレメトリーと統合できるようにします。これが好ましいアプローチですが、常に実行できるわけではありません。ユーザー定義の計装を最小限に抑えつつ、アプリケーションから標準テレメトリーをすぐに使えるようにするため、OpenTelemetryプロジェクトはすべてのサポート言語向けに一連のライブラリを維持し、一般的なライブラリやフレームワークを自動的に計装できるようにしています。

これらのライブラリはSDKの一部ではありませんが、OpenTelemetryはそれらを有効化／無効化したり、各言語でもっとも広く採用されている計装技術で設定しやすくしています。たとえばPythonでは、モンキーパッチによりライブラリが動的にメソッドやクラスを書き換え、Javaでは動的にバイトコードを注入するJavaエージェントを使用するのが一般的なアプローチです。

3.1.9　リソース

テレメトリーシグナルをクエリーする際、通常、そのシグナルを生成したサービスやアプリケーションに関心があるでしょう。テレメトリーの目的は、サービスのパフォーマンスや信頼性に影響を与えるリグレッションを特定することにあります。そのため、テレメトリーには、テレメトリーのソースを特定する属性（たとえばホスト名）だけでなく、操作に関する属性（たとえばリクエストのHTTPパス）も付加します。OpenTelemetry以前の一部テレメトリークライアントでは、アプリケーションが生成するすべてのメトリクス、トレース、ログに共通の属性を定義していましたが、テレメトリーのソースに関連する属性と操作自体に関連する属性との論理的な区別はありませんでした。また、同じアプリケーション内でも、言語やフレームワーク、シグナル間で命名規則が統一されていないため、オブザーバビリティツールが自動的にシグナルを相関させるのが困難でした。同じサービスが生成した複数のシグナルが異なるユーザー定義の方法で命名されている場合、一般的なツールはそれらが同じエンティティから来

ているとどう識別できるでしょうか？

このような、生成元に関連するプロパティをイベント固有のものから分離して標準化するため、OpenTelemetryは**リソース**という概念を定義しています。リソースは、テレメトリーを生成するエンティティを表す不変の属性セットであり、生成されたテレメトリーと簡単に関連付けられています。SDKには含まれていませんが、OpenTelemetryはコンテナID、ホスト名、プロセスなどランタイム環境のリソース情報を自動検出して抽出するパッケージも提供しています。

3.1.10　コレクター

設計上、OpenTelemetryは計装をデータ表現から切り離しています。これにより、開発者は適切なエクスポーターやプロトコルを選択し、アプリケーションから直接データをエクスポートできます。しかし、既存のアプリケーションやサードパーティーのアプリケーションなど、テレメトリー生成元のコードにOpenTelemetryを簡単に統合できない場合も多くあります。たとえ統合できたとしても、複数のサービスからのすべてのテレメトリーデータを共通のレイヤーを通して流すことにメリットがある場合もあります。たとえば、特定のサンプリング処理を実装したり、グローバルなデータ処理を適用する際です。

OpenTelemetry Collectorは、複数の形式やプロトコル（OTLP、Prometheus、Zipkinなど）でテレメトリーを収集し、データを集約、サンプリング、変換するなど、複数の方法で処理し、最終的に複数のテレメトリーバックエンドや他のコレクターにエクスポートできます。これにより、オブザーバビリティエンジニアの十徳ナイフとして機能し、既存のインフラストラクチャと統合したり、テレメトリーデータを操作したり、異なるテレメトリーツールに移行する際の摩擦を減らすことができます。

3.1.11　OTLPプロトコル

OpenTelemetry Protocol（OTLP）は、ベンダー非依存のデータ配信メカニズムであり、テレメトリーの生成元とテレメトリーバックエンドやコレクターとの間で、テレメトリーデータをエンコードして転送できるよう設計されています。本書の執筆時点で、トレース、メトリクス、ログはOpenTelemetry仕様の下でStableとされていますが、それぞれの言語実装の成熟度には違いがあるかもしれません。

このプロトコルはシリアライゼーションとデシリアライゼーションのオーバーヘッド

を最小限に抑えて高いスループットを保証し、デシリアライズしたデータを効率的に変更し、ロードバランサーに適した設計となっています。OTLPはgRPCまたはHTTPトランスポート上のプロトコルバッファ（Protobuf）として実装され、HTTPではJSON形式もサポートしています。また、OTLPは並行性、リトライポリシー、バックプレッシャー[†8]といった高スループット環境での効率的な配信を可能にする機能を考慮して設計されています。

OpenTelemetry CollectorはOTLPでテレメトリーデータを取り込み、ほとんどのテレメトリーバックエンドに互換性のある他形式に変換できますが、このプロトコルの人気により、オブザーバビリティバックエンドや主要ベンダーがOTLPのAPIをサポートし始めており、デフォルトのデータ取り込み方法としているベンダーもあります。

3.2 セマンティック規約

複数のサービスが生成したメトリクスやログには、クラウドプロバイダーのリージョンのような属性やラベルが付加されており、さまざまなシグナルやサービスによって異なる表現が取られています。中規模から大規模の組織で本番環境のワークロードをサポートするエンジニアは、おそらくこうした場面に何度も遭遇しているでしょう。たとえば、Amazon Web Servicesにデプロイされている場合、region、region_name、cloud.region、cloud_region、aws_region、あるいはクラウド移行後もdata_centerのようなレガシー属性がまったく異なる意味で再利用されているかもしれません。これらは同じものを表しているものの、使用するにはドメイン知識が必要です。たとえば、新しくチームに加わったエンジニアが、region: eu-west-1とラベル付けられたメトリクスによるアラートを受け取り、別のテレメトリーバックエンドでdata_center: eu-west-1として保存されているログと対応付けられないとしても、そのエンジニアを責めることはできません。同僚に尋ねると、こう返ってくるかもしれません。「ああ、実は以前はデータセンターで運用していたけど、クラウドに移行してからは同じラベルを再利用しているんだ。ラベルを変えるのは手間がかかるからね」

ここまでの議論で、複数のシグナル間で自動相関の有無が障害対応を速くするか遅くするかの重要な違いを生むことを見てきましたが、もしシグナルが一連のセマン

[†8] 翻訳注：翻訳注：バックプレッシャーはシステムが実際に処理できる以上のデータを送信することを指し、これはテレメトリーの欠損につながります。

ティック規約に従っていなければ、オブザーバビリティツールが必要なドメイン知識を持ち、テレメトリープラットフォームに取り込まれるすべてのシグナルを魔法のように相関させることは期待できません。カスタム属性を扱う相関アルゴリズムを定義する方法も考えられますが、本番環境の障害をタイムリーにデバッグするために必要なコンテキストを引き出すには、関係性を定義したり、アルゴリズムを訓練するための時間と労力が必要です。加えて、属性に変更があれば、バックエンドの定義を更新する手間が発生し、相関に悪影響を及ぼす可能性があります。

　OpenTelemetryのセマンティック規約では、テレメトリーシグナル周囲のコンテキストを記述するための、一般的な属性のキーと値のセットを定義しています。これにはランタイム環境やプロトコル、テレメトリークライアントが計装する操作などの概念が含まれます。セマンティック規約の目的は、異なる信号や異なる言語のテレメトリーの間の相関関係を容易に把握できるようにし、一般的に理解されている言語を使用してテレメトリーを処理できる可視化ツールを強化することです。先ほどの例に戻ると、生成されたすべてのテレメトリーがクラウドプロバイダーのリージョンをcloud.regionで参照できるなら、新しくチームに加わった人が必要なメトリクス、ログ、トレースを見つけやすくなるだけでなく、オブザーバビリティツールがテレメトリーを適切に処理し、より優れた洞察を自動的に提供できるようになります。

　セマンティック規約は横断的な関心事として、さまざまなクライアントAPIおよびSDKからそれぞれのパッケージとして公開されます。言語間の一貫性を確保するために、これらのパッケージに含まれる定数や列挙型を共通のopentelemetry-specificationリポジトリでホストされている一連のYAMLファイルから自動生成しています。

　執筆時点で、セマンティック規約は完全にStableではありませんが、Stableに至る過程では、特にリソースやトレースのような安定したコンポーネントについては、現在定義している属性に大きな変更を加えることは想定されていません。そのため、オブザーバビリティプラットフォームや計装ライブラリで広く採用されています。それにもかかわらず、Javaプロジェクトで計装を使用するためには、ビルドにアルファ版のパッケージを含める必要があります。たとえば、Gradleプロジェクトで使用する場合、推奨さ

れるアプローチであるOpenTelemetry APIと提供されているBOM[†9]を使用し、次の依存関係を含める必要があります：

```
dependencies {
  implementation platform("io.opentelemetry:opentelemetry-bom:1.21.0")
  implementation platform('io.opentelemetry:opentelemetry-bom-alpha:1.21.0-↲
alpha')
  implementation('io.opentelemetry:opentelemetry-api')
  implementation('io.opentelemetry:opentelemetry-semconv')
}
```

　今後の章では、いくつかの言語でのパッケージ構造と、特にJavaでのOpen Telemetryの初期化方法について詳しく説明します。現時点では、セマンティック規約がまだ安定したJavaパッケージの一部としてリリースされておらず、追加の依存関係が必要であることを知っておくだけで十分です。

3.2.1　リソース規約

　リソースはオブザーバビリティ標準とセマンティック規約の基礎です。テレメトリーを生成しているサービスを明確に識別できなければ、システムが正しく機能しているかを断定することはできません。効果的なオブザーバビリティを達成するためには、あるシグナルがどこから発信されているのかを簡単に知ることが重要です。通常、リソース規約はリソース、つまりテレメトリーの生成元を構築するために使用しますが、たとえばサードパーティーのデバイスタイプを参照するなど、リソースを識別する必要があるあらゆる状況でも使用できます。

　属性は対象の概念（サービス、クラウド、オペレーティングシステムなど）に応じてグループ化されており、グループの属性のいずれかを使用する場合には、存在する必要がある必須属性のセットがあります。たとえばservice.*グループは、サービスを識別して、テレメトリーを生成するサービスを特定するのにもっとも重要なグループであり、次のような属性規約があります。

- service.name: 論理的にサービスを識別するもので、service.namespace内で一意でなければなりません。水平スケールされたワークロードの場合、この名前はす

---

†9　翻訳注：BOM（Bill of Materials）はJavaで複数プロジェクトを組み合わせたビルドを実行する際に使われる、依存ライブラリのバージョンなどを記載した部品表にあたるもの。https://opentelemetry.io/docs/languages/java/intro/#dependencies-and-boms

べてのレプリカで同じでなければなりません。必須属性であり、存在しない場合は、unknown_service:に続けて、利用可能であれば実行可能な名前を付けたものがデフォルトになります（例：unknown_service:java）
- service.namespace: 論理的に関連するサービスのグループを識別します。たとえば、通常あるチームが管理してるような、プロジェクトやビジネス領域の一部です
- service.instance.id: 特定のサービスのインスタンスを表す一意のIDです。水平スケールされたワークロードでは、テレメトリーを生成している特定のレプリカを識別するのに役立ちます
- service.version: あるサービスインスタンスが実行している個々のアプリケーションのバージョンです

このリストでは、service.nameのみが必須です。service.namespaceを使用する場合は、service.nameも併用しなければなりません。さらに、次章で見るように、この属性はOpenTelemetryリソースを設定する際に特別な扱いをしています。

リソース規約は、データの所有権やコストレポートなど、オブザーバビリティに直接関連しない組織的な側面でもとても役立ちます。これらの側面については12章で詳しく説明します。

他の重要なリソース規約のグループには、cloud.*、container.*、host.*、k8s.*、process.*などがあります。人間が読める形式で公開されているリソース規約の完全なリストは、https://opentelemetry.io/docs/reference/specification/resource/semantic_conventionsを参照してください。

リソース規約は、OpenTelemetryパッケージを使うことで、計装するコード内で簡単に使用できます。Javaでは、opentelemetry-semconv Mavenアーティファクトの一部としてリリースされ、ResourceAttributesクラス内でAttributeKey定数として定義されています。たとえば、サービス名とそれが属するネームスペースで識別する新しいResourceを作成するには、次のように書きます。

```
Resource resource = Resource.create(
  Attributes.of(
    ResourceAttributes.SERVICE_NAME, "juice-service",
    ResourceAttributes.SERVICE_NAMESPACE, "lemonade-stand"));
```

3.2.2 トレース規約

OpenTelemetryのスパンには、計装した操作に関連する任意の数の属性を付加できます。これらの属性の多くはリソース規約と同様に、言語、アプリケーション、操作をまたいで、HTTPやデータベースクライアントの呼び出しに関連したものを共通化しています。

スパンは設計上、すべてのシグナルの中でもっとも詳細なテレメトリーを含みます。メトリクスやログと比較すると、イベントごとの属性の数は通常はるかに多く、テレメトリーのスループットも非常に高くなります。これはトレースデータが通常、転送や保存によりコストがかかり、一般的には処理により多くの計算コストがかかることを意味します。オブザーバビリティの観点から見たトレースの価値の多くは、他のシグナルと相関した際に提供される豊富なデバッグコンテキストにあります。何かのメトリクスで興味深いパターンを見つけた場合、通常はそのパターンを示すトレース、つまりそれに相関するトレースや、相互に相関するスパンを見たいと思うはずです。したがって、セマンティック規約はトレースデータにおいて特に重要であり、高粒度の洞察とクロスシグナル分析の背景を提供します。

トレース規約は、単に属性キーと値を考慮するだけでなく、スパンの種類や名前、イベント（7章で詳しく説明）に関連するトレースのベストプラクティスもカバーしています。たとえば、スパンの命名に関する一般的なガイドラインに従い、HTTPリクエストに対応するSERVERスパンのセマンティック規約では、スパン名が記述的でカーディナリティが高すぎるため、その名前にURLパラメーターを含めるべきではないと規定しています。たとえば、顧客のペット情報を取得する操作のスパンを /api/customer/1763/pet/3と命名した場合、異なる顧客と異なるペットに対するスパンが異なる名前を持ち、各URLが統計的に異なるグループとなってしまい、その結果、そのエンドポイントを支えるコードが期待通りに動作しているかを評価しにくくなります。対照的に、サーバー計装がリクエストパスから変数を抽出できる場合、スパン名を /api/customer/{customer_id}/pet/{pet_id}とすると、同じ操作に対するスパンは、プロパティは異なるものの同じ名前を持つようになり、スパン名がより統計的に意味を持つようになります。

リソース規約と同様に、トレース規約も実行コンテキストに応じて論理的なグループに分けられます。これらの中にはexception.*、net.*、thread.*などのように多くの計装ライブラリで一般的に使用されるものもあれば、http.*、rpc.*、messaging.*

など、特定のライブラリに特有のものもあります。サービス間でテレメトリーコンテキストを伝搬させるというトレースの性質上、net.peer.nameのようなネットワーク属性は多くのクライアントやシグナルで特に重要で、広く使用されています。トレースのセマンティック規約の完全なリストはhttps://opentelemetry.io/docs/reference/specification/trace/semantic_conventionsで公開されています[†10]。

スパン属性のセマンティック規約に簡単にアクセスするため、Java実装ではSemanticAttributesクラスを提供しています。たとえば、現在のスパンに注釈を付けるには、次のように書きます。

```
Span span = Span.current();
span.setAttribute(
  SemanticAttributes.NET_PEER_NAME,
  "my-dependency.example.com");
```

3.2.3　メトリクス規約

メトリクスは主要なパフォーマンス指標に対して安定したシグナルを提供しますが、デバッグに関してはもっとも効率的なシグナルであるとは言えません。メトリクスの長所はディメンションをまたいで長い時間間隔にわたって簡単に集約できることですが、メトリクスのカーディナリティ（与えられたメトリクス名の異なる属性値の組み合わせの数）が一定数に達すると、それが短所となり、メトリクスバックエンドのパフォーマンスに影響を与える可能性があります。トレース属性と互換性のある命名規約に従うことで、OpenTelemetryメトリクスはメトリクスをトレースと相関させ、エンジニアがメトリクスの集約ビューから高粒度のトレースデータへとナビゲートできるようになります。

さらに、メトリクス規約は、多くの組織で存在する問題、すなわちメトリクス名の標準が欠如しているという問題を解決することを目指しています。残念ながら、たとえばprod.my-svc.okhttp.durationのように、使用しているサービスや環境、技術のようなテレメトリーの生成元に結合された名前を持つメトリクスを作成するのが一般的なパターンになってしまっています。これでは正しいメトリクスを見つけるためにドメイン知識が必要になり、デバッグやアドホックな分析の妨げになります。異なるチームや異なる企業のエンジニアであっても、同じ名前で同じ概念を参照できる必要があります。

[†10]　翻訳注：現在はhttps://opentelemetry.io/docs/specs/semconv/general/trace/にリダイレクトされます。

52 3章 OpenTelemetry の基本

したがって、メトリクス名はグローバルなスコープで考慮し、同じ概念を測定するメトリクス間の違いは属性で定義できるようにしなければなりません。たとえば、http.client.durationはクライアントの実装に関係なく同じものを表し、OpenTelemetryのリソース属性によって環境、サービス、テレメトリーSDKを識別させるべきとなります。OpenTelemetryのメトリクス規約は、トレーススパンの属性グループと同様に、http.*、os.*、process.*、rpc.*のような、使用法に基づいた階層内でメトリクスを命名するためのガイダンスを提供しています。

OpenTelemetry仕様は良い命名プラクティスや、他の側面のガイダンス、たとえば「メトリクスの単位をメトリクス名に含めるべきではない」や、「値が数えられる量を表す場合（エラー数など）を除いて複数形を避けるべき」のようなものも提供しています。

メトリクス規約のステータスは、リソースやトレース規約ほど成熟しておらず、opentelemetry-semconvパッケージの一部にはまだ含まれていません。それでも、シグナル間で一貫した命名のための基本原則は定義されています。メトリクス規約の完全なリストはhttps://opentelemetry.io/docs/reference/specification/metrics/semantic_conventionsで参照できます。

3.2.4 ログ規約

ログ属性に関するセマンティック規約は、まだ初期段階にあります。執筆時点で、OpenTelemetryコミュニティの努力は、Logs APIおよびSDKの安定化に集中しています。それでも、ログやイベントに対するいくつかの規約が形成され始めています。

ログには、ログの出典を識別するためのlog.*属性（例：log.file.path）や、トランザクションのコンテキストの外で発生するフィーチャーフラグの評価を表すためのfeature_flag.*属性などがあります。

イベントのセマンティック規約では、SDKが生成する基本的なレコードの中でイベントをログと区別するために必要な属性を含むよう、イベントAPIインターフェイスが要求しています。これにはevent.domainが含まれ、異なるシステム（browse、device、k8sなど）からのイベントを論理的に区分し、event.nameで特定のドメイン内で類似の属性を持つイベントタイプを識別しています。

ログとイベントの両方とも、コード実行中の例外を記述するために同じexception.*規約を使用しており、トレースAPIの例外に関するセマンティック規約と互換性があります。

ログ規約の完全なリストはhttps://opentelemetry.io/docs/reference/specification/logs/semantic_conventionsで確認できます。

3.2.5 テレメトリーのスキーマ

テレメトリーシグナルやその属性の名称を変更するのは困難です。オブザーバビリティシステムやツールが特定の名前を持つテレメトリーデータに依存してアラートを生成したり可視化したりしているため、属性名の変更は問題を引き起こすことになります。結果として、テレメトリーデータへのアクセスが長い間中断することになり、大きな損害をもたらす可能性があります。テレメトリーがなければ、システム運用担当者は無視界飛行をすることになり、システムの健全性を確認することができません。そのような中断を最小限に抑えたり、回避したりするために、テレメトリーの生成元はイベントの両バージョンを送信して、テレメトリーの受け手が中断なしに切り替えられる（新旧のメトリクス名を送るなど）ようにしたり、名前と属性のあらゆるすべてのバリエーションを考慮する必要があります。これは常に可能とは限らず、通常両方の側にとって苦痛となります。

OpenTelemetryのセマンティック規約は、安定した命名とイベント属性を提供することを目指しています。それでも、望ましいことではありませんが、セマンティック規約が時間とともに変化する必要があるかもしれないことを認めています。前述の問題を解決するために、OpenTelemetryは、現在実験段階にあるテレメトリーイベントのスキーマの使用を提案しています。データがエクスポートされるとき、バージョン間でテレメトリーデータを変換するのに必要な変換を記述したスキーマファイルを指すschema_urlを含むことができます。これにより、テレメリーのセマンティック規約の変更をサポートするシナリオが可能になります。たとえば、テレメトリーバックエンドやツールが情報処理中にテレメトリーの変換を解決したり、OpenTelemetry Collectorを通じて、すべてのテレメトリーを特定のバックエンドがサポートするテレメトリースキーマに変換できます。スキーマにより、ポータビリティを犠牲にすることなく、必要に応じてセマンティック規約を進化させられます。

3.3 まとめ

OpenTelemetryは、言語やフレームワークの垣根を越えて一貫した実装を可能にし、

明確に定義されたプロセスに従って進化する、さまざまな構成要素の仕様を提供します。また、テレメトリー計装の安定性と信頼性を保証するために、メンテナーとエンドユーザーが従うべき設計ガイドラインと規約も提供します。この章で見てきたように、この仕様にはセマンティック規約が含まれており、シグナルとサービス間のテレメトリー相関を容易にするために、テレメトリーがどのように命名され、複数の属性を用いて注釈されるべきかを定めています。

OpenTelemetryが持つさまざまな構成要素の全体像を把握することは、プロジェクトの広いコンテキストの中で、以下の各章を理解するのに役立ちます。次章では、リソースSDK（本章の「3.2 セマンティック規約」の節で簡単に触れました）と、計装ライブラリを用いた、すぐに使えるオブザーバビリティの実現方法について紹介します。

4章
自動計装

OpenTelemetryのAPI設計では、テレメトリーの計装はライブラリを計装するのにもっとも適した人物、つまりコードの開発者やメンテナーの手に委ねられています。これは理想的なパターンですが、常に適用できるわけではありません。アプリケーションのオーナーは、計装されたリリースにパッケージの依存関係をアップグレードする必要があります。すぐにセットアップして便利に使えるユビキタスなテレメトリーを提供するという使命に忠実であり続けるために、OpenTelemetryプロジェクトは人気のあるライブラリやフレームワークに対して自動的に計装を追加する一連のパッケージを提供しています。本章では、自動計装の仕組みと構成する方法について、Javaアプリケーションを例に探っていきます。

翻訳注：自動計装とゼロコード計装
翻訳時点では、OpenTelemetryにおいては、自動（automatic）という意味が曖昧であるという理由から、自動計装（automatic instrumentation, auto-instrument）という呼び方は、アプリケーションのコードを何も変更する必要がなく計装を実現できるという意味で、ゼロコード計装（zero-code instrumentation）という呼び方に変わっています。詳しい議論はhttps://github.com/open-telemetry/opentelemetry.io/discussions/3809を参照してください。

4.1　リソースSDK

さまざまな形式の自動計装を学ぶ前に、特定のサービスから生成されたすべてのテレメトリーを結合するOpenTelemetryの重要な概念である**リソース**について紹介しな

ければなりません。リソースはOpenTelemetry SDKでもっとも重要な概念の1つであり、テレメトリーの生成元を識別するキーと値のペアの属性のセットとして表され、エクスポートされるすべてのテレメトリーにアタッチされます。たとえば、Kubernetesクラスターにデプロイされた特定のサービスレプリカは、k8s.container.name、k8s.pod.name、k8s.cluster.name、および3章で述べたリソースのセマンティック規約に従うその他の属性によって識別されます。リソース定義を計装から切り離すことで、生成されたすべてのテレメトリーは、計装自体を変更することなく特定のサービスレプリカに自動的に関連付けられます。テレメトリー生成元の識別方法は、計装の作者ではなく、アプリケーションのオーナーが最終的に決定することになります。

リソースSDK自体は計装パッケージではありませんが、主に以下の2つの理由で本章で扱います。

- 計装パッケージのみを使用する場合でも、OpenTelemetry SDKを設定するにはリソースを定義する必要があります。
- OpenTelemetryの実装には、SDKの拡張や計装ライブラリにリソース検出器が含まれています。これにより、アプリケーションが実行されている環境（OS、ホスト、プロセスなど）に関する共通属性を自動検出できます

Resourceは不変なインスタンスです。属性を変更するには他のResourceインスタンスとマージする必要があり、その結果、更新リソースの値が優先される新しいインスタンスが作成されます。たとえばJavaで、デフォルトResourceの属性を更新するには以下のようにします。

```
Resource resource = Resource.getDefault()
  .merge(Resource.create(
    Attributes.of(
      ResourceAttributes.SERVICE_NAME, "change-service",
      ResourceAttributes.SERVICE_NAMESPACE, "lemonade-stand")));
```

Resource.getDefault()メソッドを呼び出すとResourceが返り、その中にテレメトリーSDKに関連するいくつかのデフォルト属性とservice.nameのような必須属性を持っています。Java SDKは、プラグインやユーザーからの指定がない場合にはunknown_service:javaがデフォルトのサービス名になります。merge()を呼び出すことにより、指定したサービス名と名前空間でデフォルトを上書きし、以下のような属性を含むリソースが生成されます。

```
service.name: change-service
service.namespace: lemonade-stand
telemetry.sdk.name: opentelemetry
telemetry.sdk.language: java
telemetry.sdk.version: 1.21.0
```

このリソースは、io.opentelemetry.instrumentationグループのopentelemetry-resources Mavenアーティファクトに含まれる、リソースプロバイダーから取得したリソースとマージすることもできます。たとえば、OS、ホスト、プロセス属性を自動的にリソースに追加するには、次のようにします。

```
resource = resource
  .merge(OsResource.get())
  .merge(HostResource.get())
  .merge(ProcessResource.get());
```

これにより、os.type、host.name、process.command_lineなど、多くの属性を含むリソースが生成されます。この例のリソースプロバイダーは属性キーの衝突を起こしませんが、もし衝突があった場合、最後にマージされたリソースの属性が優先されます。

今後の章で見るように、トレースやメーター[1]のプロバイダーを初期化するためにはリソースが必要です。特に構成されていない場合はデフォルトリソースが使用されます。最終的には、テレメトリーエクスポーターの構成に応じてイベントごと、またはエクスポートごとにリソース属性がアタッチされ、生成されるテレメトリーが装飾されます。

計装エージェントや、アプリケーションを自動的に計装するような同等のソリューションを使用する場合、手動でリソースを作成する必要はありません。その代わりに環境変数、システムプロパティなどを介してリソース属性を構成する方法が提供されます。詳細は実装に依存しますが、リソース定義を制御する際に次の2つの環境変数がよく使われます。

- OTEL_SERVICE_NAME：service.nameの値
- OTEL_RESOURCE_ATTRIBUTES：W3C Baggage形式でリソース属性を定義するキーと値のペアのセット（例：key1=value1,key2=value2）

---

[1]　翻訳注：メーター（meter）は、メトリクス（metrics）を測定するための器具や単位を意味する言葉で、長さの単位メートルと同じ言葉です。古典ギリシア語のmetronに由来します。

4.2 計装ライブラリ

OpenTelemetryプロジェクトは、よく使われる多くのライブラリやフレームワークでテレメトリーを自動的に計装する一連のライブラリを提供しています。これらは**計装ライブラリ**と呼ばれます。言語によって、Javaのバイトコードインジェクション、JavaScriptのメソッドラッピング、Pythonのモンキーパッチなど、さまざまなメカニズムが使用されています。

公式ドキュメント（https://opentelemetry.io/docs/instrumentation）には、OpenTelemetryでサポートされている各言語に関する豊富なリソースがあり、自動計装ライブラリの使用方法や構成方法など、アプリケーション所有者がサービスを計装するのに役立つクイックスタートが含まれています。

計装ライブラリを初期化して構成するために、言語の実装がサポートしている一般的なモデルは2つあります。

- **ゼロタッチモデル**: 計装するアプリケーションコードを変更することなく、OpenTelemetry SDKや計装ライブラリは別のコンポーネントによって初期化され、計装コードは独立して設定されます。このモデルはサービスオーナーにとってもっとも実装が簡単ですが、すべての言語で利用できるわけではなく、通常はアプリケーションの起動に使用するコマンドに変更が必要です。たとえば、Javaではエージェントをアタッチしたり、Pythonではopentelemetry-instrumentコマンドを使用したり、.NETのCLRプロファイラーのようにランタイム環境を構成するアクセス権が必要になる場合もあります。場合によっては、このモデルでは計装ライブラリの特定の側面を構成したりカスタマイズしたりするオプションが制限されます。

- **実装モデル**: OpenTelemetry SDKおよび計装ライブラリは、通常アプリケーションの起動時に、計装するアプリケーションコードの一部としてアプリケーション所有者によって構成および初期化されます。これにより、計装を構成するための柔軟性が増す一方で、インストールやメンテナンスのために余分な労力が必要です。Javaなどいくつかの言語では、計装ライブラリはエージェントモデルで動的にバイトコードを注入する方式を採用しており、計装されたライブラリやフレームワークがより広範囲をカバーできるため、実装モデルではさらに欠点となるかもしれません。

どのモデルを選択するかは個々の状況によりますが、最終的にはアプリケーション所

有者が決定することになります。一般的には言語実装によって提供されるゼロタッチモデルは、メンテナンスの労力を軽減し、SDKの変更がリリースされた際のバージョンアップを容易にします。

OpenTelemetryの言語には、前述のいずれのモデルでもアプリケーションを計装する方法を示すさまざまな例やドキュメントがありますが、OpenTelemetryとは関係のないよく知られたプロジェクトを使って自動的なテレメトリーの計装の利点を見るのが、もっとも理解しやすいでしょう。今回は例として、https://github.com/dropwizard/dropwizardにある、Dropwizardのデモアプリケーションdropwizard-exampleを使っていきましょう。この例で使用するバージョンv2.1.1では、このアプリケーションはOpenTelemetryで計装されておらず、OpenTelemetryに依存していません。

GitとJavaがインストールされていれば、ドキュメントに従ってアプリケーションを実行するのは非常に簡単です（ビルド中のテストは簡単のためにスキップします）。

```
# リポジトリからversion v2.1.1をクローンする
git clone git@github.com:dropwizard/dropwizard.git \
  --branch v2.1.1 --single-branch
cd dropwizard

# アプリケーションのパッケージをビルドする
./mvnw -Dmaven.test.skip=true package

# H2データベースを用意する
cd dropwizard-example
java -jar target/dropwizard-example-2.1.1.jar \
 db migrate example.yml

# アプリケーションを実行する
java -jar target/dropwizard-example-2.1.1.jar server example.yml
```

アプリケーションが起動した後、メトリクスがGraphiteにレポートできないという警告が出るかもしれません。これは想定内のもので、Dropwizardの内部メトリクスレポーターはGraphiteエンドポイントがあることを前提としているためです。すべてが期待通りに動作していれば、http://localhost:8080のhello-worldエンドポイントにアクセスすることで、ウェルカムメッセージが表示されます。

この例で生成したテレメトリーを簡単に検証するために、Jaeger（よく使われる分散トレースシステム）、Prometheus（よく使われるメトリクスバックエンド）、そしてOpenTelemetry Collectorを含むDocker Composeスタックを立ち上げていきましょう。これには、以下のdocker-compose.yml定義を使用できます。

60 | 4章 自動計装

```yaml
version: "3"

services:
  jaeger:
    image: jaegertracing/all-in-one:1.37.0
    ports:
      - "16686:16686"
      - "14250"

  prometheus:
    image: prom/prometheus:v2.38.0
    command:
      - --web.enable-remote-write-receiver
    volumes:
      - /dev/null:/prometheus/prometheus.yml
    ports:
      - "9090:9090"

  otel-collector:
    image: otel/opentelemetry-collector-contrib:0.68.0
    command:
      - --config=/etc/otel-collector.yml
    volumes:
      - ./otel-collector.yml:/etc/otel-collector.yml
    ports:
      - "4317:4317"
    depends_on:
      - jaeger
      - prometheus
```

otel-collectorコンテナには以下の設定ファイルが必要で、同じディレクトリの直下にotel-collector.ymlとして保存します[†2]。

```yaml
receivers:
  otlp:
    protocols:
      grpc:

processors:
  batch:

exporters:
  jaeger:
    endpoint: jaeger:14250
```

---

†2　翻訳注：翻訳時点で、loggingエクスポーターはdebugエクスポーターに名前が変わっています。また、jegerエクスポーターはv0.86.0で削除されています。最新版を使う際にはご注意ください。

```
      tls:
        insecure: true
    prometheusremotewrite:
      endpoint: http://prometheus:9090/api/v1/write
    logging:
      verbosity: detailed

service:
  pipelines:
    traces:
      receivers: [otlp]
      processors: [batch]
      exporters: [jaeger]
    metrics:
      receivers: [otlp]
      processors: [batch]
      exporters: [prometheusremotewrite]
    logs:
      receivers: [otlp]
      processors: [batch]
      exporters: [logging]
```

この例のlogsパイプラインは、現在使われることはありません。本章の後半で使用するJavaエージェントは、デフォルトでログをエクスポートしないためです。OTLPログエクスポーターを有効にする方法については8章で、OpenTelemetry Collectorとベストプラクティスについては9章および10章で詳細に説明します。今のところ、図4-1に示すように、この簡単な構成がメトリクスとトレースのための各パイプラインを定義し、OTLP形式でデータを受信し、それぞれJaegerとPrometheusにエクスポートできることを知っておくだけで十分です。

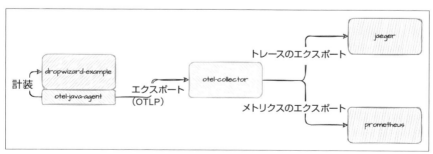

図4-1：dropwizard-exampleのための、シンプルなテレメトリーパイプライン

Dockerがインストールされている場合、以下のコマンドでスタックを作成できます。

docker compose up

これで、メトリクスとトレース用のテレメトリーバックエンドが使用できるようになりました。

この例で使用したDocker ComposeスタックとOpenTelemetryの構成は、シンプルさと明確さを重視して選ばれています。本番環境では使用しないでください。

4.2.1　Javaエージェント

簡単なテレメトリーバックエンドが用意できたので、いよいよdropwizard-exampleを自動計装するときがきました。まずは、OpenTelemetry Javaエージェントをダウンロードし、アプリケーションを再起動していきます。

```
# OpenTelemetry Javaエージェントのダウンロード
curl -o ./opentelemetry-javaagent.jar \
  -L https://github.com/open-telemetry/opentelemetry-java-instrumentation/↩
releases/download/v1.21.0/opentelemetry-javaagent.jar

# アプリケーションの起動
java -javaagent:opentelemetry-javaagent.jar \
  -Dotel.service.name=dropwizard-example \
  -jar target/dropwizard-example-2.1.1.jar \
  server example.yml
```

アプリケーションを計装するための変更箇所は、Javaエージェントを追加し、システムプロパティotel.service.nameを指定して起動するだけです（環境変数OTEL_SERVICE_NAMEを指定することもできます）。アプリケーションが実行されている状態で、データベースに保存するデータをポストできます。

```
curl -H "Content-Type: application/json" -X POST \
  -d '{"fullName":"Other Person","jobTitle":"Other Title"}' \
  http://localhost:8080/people
```

では、http://localhost:8080/peopleを開いて、データが正常に保存されたことを確認しましょう。このシナリオは、データベースにエントリを保存して取得するもので、自動的に計装されています。これで生成されたテレメトリーを確認できるようにな

ります。

http://localhost:16686を開くと、JaegerのUIが表示されます。dropwizard-exampleサービスを選択すると、自動的に計装されたすべての操作が確認できます。このようなシンプルなアプリケーションでも、かなり多くの操作が計装されています！図4-2に示すように、/people操作を選択していずれかのトレースを開くと、そのトランザクションの中で行われているデータベース呼び出しなどのさまざまな操作が表示されます。

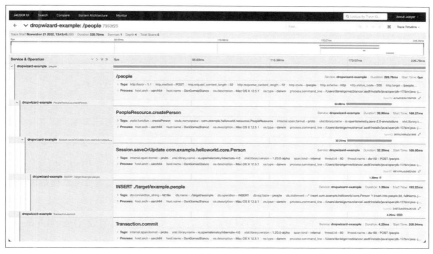

図4-2：Jaegerで表示した、/people操作から始まるトレース

このトレースでは、Jetty、JAX-RS、Hibernate、JDBCの計装ライブラリによって、個々の操作がどのように計装されたかを確認できます。各スパンには、プロセス（またはリソース）に関連する属性やHTTPステータスやデータベースステートメントなど、その操作に固有の属性が関連付けられており、すべてで関連するセマンティック規約が使われています。

同様に、http://localhost:9090を開くとPrometheusのUIが表示され、アプリケーションのさまざまなメトリクスを確認できます。計装されたライブラリに対応するdb_client_*、http_server_*、process_runtime_jvm_*などのメトリクスや、OpenTelemetry SDK自体に関するotlp_exporter_*メトリクスも含まれます。図4-3

では、このようなメトリクスの例を示しています。

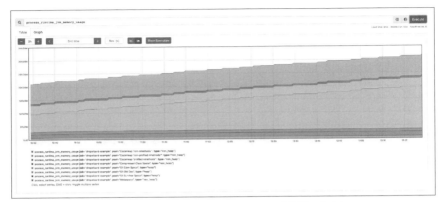

図4-3：Prometheusで表示した、自動計装されたJVMメモリ使用量メトリクス

　Javaアプリケーションを計装するには、これがもっとも簡単な方法です。アプリケーション自体からテレメトリーを収集、処理、エクスポートするだけでなく、トレースとバゲッジの伝搬も設定します（デフォルトではW3C TraceContextとBaggageリクエストヘッダーを使用します）。これにより、コードを一切変更することなく、複数のサービスにわたって分散トレースを形成できます。

　これはシンプルな例であり、OTLP形式でデータを受信するOpenTelemetry Collectorをローカルにデプロイしたため、デフォルト設定を使用できました。しかしながら、エージェントはさまざまな方法で設定オプションを提供しており、優先順位の高い順に示します。

- システムプロパティ
- 環境変数
- システムプロパティを含む設定ファイル（otel.javaagent.configuration-fileプロパティまたはOTEL_JAVAAGENT_CONFIGURATION_FILE環境変数で指定）
- ConfigPropertySourceSPI[†3]

設定オプションの完全なリストはhttps://opentelemetry.io/docs/instrumentation/

[†3] 翻訳注：SPIはService Providor Interfaceの略語。https://opentelemetry.io/docs/languages/java/configuration/#spi-service-provider-interface

java/automatic/agent-config にあります。この先の章で、トレース、コンテキスト伝搬、メトリクス、その他の特定のコンポーネントに関連するオプションの詳細を取り上げ、さまざまなシグナルを詳細に説明していきます。とはいえ、エージェントを設定する際に知っておくべき、複数のOpenTelemetryコンポーネントに共通するいくつかの重要な側面があります。これについては以下で説明していきます。

エクステンション

ほとんどの場合、エージェントと計装パッケージが提供する機能だけで、アプリケーションの計装は十分です。しかし、特定のケースではカスタムソリューションが必要になることがあります。たとえば、アプリケーションがキャッシュのような機能を提供するサービスを呼び出す状況を考えてみましょう。

キャッシュされていないリソースに対するHTTP呼び出しに対して404ステータスコードを返すとすると、OpenTelemetry仕様やデフォルト実装では、404が返されるとHTTPクライアント側でエラーとしてマークされなければなりません（otel.status_code: ERRORを使用）。しかし、キャッシュサービスのケースでは、多くの呼び出しで404が返るのは想定内であり、エラーとはみなされていません。このようなクライアントスパンをエラーとして扱うと、サービス所有者にとってエラー比率が実際のエラーを反映せず、トレースのサンプリングアルゴリズムが単一のエラースパンを含むトレースを残すことで多くのトレースが不必要に保存される結果となり、コストが増加してしまいます。

このような問題を解決するために、特定の条件（ここでは特定のnet.peer.nameを持つクライアントスパン）に一致するすべてのスパンを処理するSpanProcessorインターフェイスを実装するクラスを作成できます。スパンプロセッサーは、すでに終了したスパン（この場合は404レスポンス）を変更することはできませんが、スパンが作成されたときに、そのスパンがキャッシュクライアントのスパンであると識別するための属性を追加できます。この情報は、のちにOpenTelemetry Collectorで、404レスポンスコードに対応するこの種のスパンが持つエラーステータスを解除するために使用できます。スパンプロセッサーを含むトレースSDKについては6章で詳しく解説します。ここでは、この要件を実装するCacheClientSpanProcessorというJavaクラスがあると仮定しましょう。エージェントでこれを使用するように設定するには、AutoConfigurationCustomizerProviderというJava Service Provider Interface（SPI）を使いま

す。OpenTelemetry SDKは機能を独自に拡張するためのインターフェイスを満たす実装を、SPIを通じて自動的に検出してロードします。これらはMavenアーティファクトopentelemetry-sdk-extension-autoconfigure-spiに含まれています。今回の目的では、次のようなクラスを使ってスパンプロセッサーを構成できます。

```
public class CacheClientCustomizer
    implements AutoConfigurationCustomizerProvider {

  @Override
  public void customize(AutoConfigurationCustomizer customizer) {
    customizer
      .addTracerProviderCustomizer(
        this::configureTracerProvider);
  }

  private SdkTracerProviderBuilder configureTracerProvider(
      SdkTracerProviderBuilder builder,
      ConfigProperties config) {
    return builder
      .addSpanProcessor(new CacheClientSpanProcessor());
  }
}
```

　これで、2つのJavaクラスをSPI設定ファイルと一緒にJARファイルにコンパイルできます。GoogleのAutoService[†4]のようなプロジェクトを使うとアノテーションを介してこのようなファイルを生成できますが、最終的にはSPIはJARファイルのルートパスにあるMETA-INF/servicesの下に、設定ファイルを列挙する必要があります。実装された各SPIは、すべての実装クラス名を含む、SPIインターフェイス名に一致するファイルに設定されます。この例では、JARファイルの内容は次のようになります。

```
./META-INF/MANIFEST.MF
./META-INF/services/io.opentelemetry.sdk.autoconfigure.spi.AutoConfiguration↵
CustomizerProvider
./com/example/CacheClientCustomizer.class
./com/example/CacheClientSpanProcessor.class
```

　io.opentelemetry.sdk.autoconfigure.spi.AutoConfigurationCustomizerProviderファイルの内容は次のようになります。

```
com.example.CacheClientCustomizer
```

---

†4　翻訳注:https://github.com/google/auto/tree/main/service

エクステンションをロードするには、拡張JARファイルのリスト、またはロードするすべてのエクステンションを含むフォルダーを指定するために、otel.javaagent.extensionsシステムプロパティ（または同等の環境変数）を設定します。今回のdropwizard-exampleのシナリオでは、以下のようにアプリケーションを起動します。

```
java -javaagent:opentelemetry-javaagent.jar \
  -Dotel.service.name=dropwizard-example \
  -Dotel.javaagent.extensions=cache-client-processor.jar \
  -jar target/dropwizard-example-2.1.1.jar \
  server example.yml
```

アプリケーションが起動すると、キャッシュクライアントのスパンを処理するためにスパンプロセッサーが使用され、エージェントはカスタム設定とデフォルト値をマージするようになります。

エクステンションの例やエージェントのプログラム構成方法、その他の使用例はhttps://opentelemetry.io/docs/instrumentation/java/extensionsにあります。

リソース

dropwizard-exampleの例では、必須のotel.service.nameを設定し、リソースプロバイダーが実行環境から自動で情報を抽出するようにしました。これにより、すぐに使える属性の完全なリストを確認できるようになりますが、環境やテレメトリーバックエンドによっては、すべてのイベントに多くの（もしくは非常に冗長な）属性が保存されることになります。特に、ほとんどのテレメトリーバックエンドではスパンごとにリソース属性を保存するため、大規模なデプロイメントでは転送やストレージにかかるコストが高くなる可能性があります。たとえば、多くのシステムプロパティや引数を設定してjavaバイナリを呼び出すJavaアプリケーションでは、かなりの長さのprocess.command_line属性が生成されることがあります。特定のバージョンのコンテナを常に同じコマンドを使用して起動するコンテナ環境にアプリケーションがデプロイされている場合、すべてのスパンにアプリケーションの起動に使用されたコマンドを保存しても、リグレッションの根本原因を見つけるのには役立たないかもしれません。デプロイされたサービスのバージョン（service.version属性で指定できる）をコンテナの起動に使用されたコマンドと相互参照することで、スパンの保存容量を大幅に節約できま

す。

リソース属性の選択は、最終的にデバッグプロセスで役立ったり、デプロイメント全体で傾向（例：Javaバージョン）を抽出するために使用する、意味のあるオブザーバビリティデータを表現する必要があります。これをサポートするために、エージェントは次のオプション（もしくは同等の環境変数）で構成できます。

- `otel.resource.attributes`：W3C Baggage 形式でリソース属性を定義するキーと値のペアのセット。これは、リソースプロバイダーが検出した他の属性の値を上書きします
- `otel.java.enabled.resource-providers`：有効にするリソースプロバイダークラス名のカンマ区切りリスト。指定しない場合、すべての自動リソースプロバイダーが使用されます
- `otel.java.disabled.resource-providers`：無効にするリソースプロバイダークラス名のカンマ区切りリスト
- `otel.experimental.resource.disabled-keys`：検出されたリソース属性から除外するキー

有効または無効にするリソースプロバイダークラスは、`opentelemetry-resources` Mavenアーティファクトに含まれます。

自動計装を無効化する

エージェントによって自動的に計装できるライブラリの数は驚異的です。執筆時点では、122のライブラリとフレームワーク、9つの異なるアプリケーションサーバーが含まれています。完全なリストはhttps://github.com/open-telemetry/opentelemetry-java-instrumentation/blob/main/docs/supported-libraries.mdにあります。Javaエージェントを既存のアプリケーションにアタッチすると、デフォルトですべての計装が有効になり、OpenTelemetry計装の価値を実感でき、複数のアプリケーション層にわたるオブザーバビリティが向上します。ただし、これは常に望ましいわけではありません。たとえば、OpenTelemetryエージェントを組織全体で再利用するコンテナイメージにバンドルする場合、いくつかの基本的な計装のみを有効にし、各サービスでのライブラリの重要性に応じて追加の計装を有効にするかどうかをサービスの所有者が判断する方が安全です。これにより、OpenTelemetryを有効化したり、計装に対応したライブラリ

が意図せず使用された場合でも、データ量の急増による運用トラブルを避けられます。このような方法で、テレメトリー整備チームはOpenTelemetryをデフォルトで安全に展開できるようになり、計装が十分に理解され、即座に価値を提供できるようになります。

エージェントは、計装を抑制するための複数のオプションをサポートしています。以下は主要なオプションのいくつかです。

- otel.instrumentation.[name].enabled：[name]は公式ドキュメントに記載されている計装の短縮名であり、特定の計装が有効か無効かを制御するプロパティです。以下のcommon.default-enabledの設定に従って、計装はデフォルトで有効または無効になります
- otel.instrumentation.common.default-enabled：計装がデフォルトで有効かどうかを制御します。falseに設定した場合、計装は個別に有効化する必要があります。デフォルトはtrueです
- otel.instrumentation.common.experimental.controller-telemetry.enabled：デフォルトはtrueで、JAX-RSのようなサーバー計装の動作を制御し、コントローラーレイヤーの内部スパンを追加します。計装を完全に無効にすると、REST APIエンドポイントからの操作名の自動抽出や親サーバースパンの更新などの一般的な機能が無効になります。このオプションを無効にすることで、サーバーテレメトリーを維持しつつ、追加スパンの作成を防止できます
- otel.instrumentation.common.experimental.view-telemetry.enabled：controller-telemetryと同様に、ビュー層の内部スパンの作成を制御します。デフォルトはtrueです

最後に、otel.javaagent.enabled=falseプロパティまたは同等の環境変数を指定すると、エージェントを完全に無効化できます。

大規模なデプロイメントでOpenTelemetryを構成する際、自動計装やリソース検出は大量のテレメトリーデータを生成する可能性があります。デプロイメントの種類に応じて、ここまで紹介した構成オプションを使って特定の計装やリソース属性を抑制したり、エクステンションを介して属性値を調整しサンプリングを改善すると、オブザーバビリティに影響を与えることなくコスト削減につながることがあります。

4.2.2 Javaでのスタンドアローン計装

Javaで OpenTelemetry SDKやその他の計装を構成するには、OpenTelemetryエージェントを使用するのがもっとも簡単でサポートされている方法です。しかし、エージェントモデルを使用できないシナリオや、エージェントをアタッチするためにjavaコマンドの引数を変更できない場合があります。そうしたケースをサポートするため、OpenTelemetryプロジェクトはスタンドアローンライブラリとして構成する一連の計装を提供しています。

各スタンドアローンライブラリは、フィルター、インターセプター、ラッパー、ドライバーなど、初期化方法が異なる場合があります。**OkHttp**計装を例に取ると、この計装ライブラリを初期化するためには、まず OpenTelemetry APIのインスタンスを登録する必要があります。エージェントを使用する場合には、エージェントの起動プロセスの一部として行われますが、スタンドアローンで使用する場合には手動で行う必要があります。そのため、依存関係に opentelemetry-apiと opentelemetry-sdkの Mavenアーティファクトを含める必要があります。また、OTLPスパンエクスポーターを登録するために、opentelemetry-exporter-otlpも必要です。Gradleでは、次のように依存関係を宣言します。

```
dependencies {
  implementation platform("io.opentelemetry:opentelemetry-bom:1.21.0")
  implementation('io.opentelemetry:opentelemetry-api')
  implementation('io.opentelemetry:opentelemetry-sdk')
  implementation('io.opentelemetry:opentelemetry-exporter-otlp')
}
```

本章の最初に作成したResourceを使ってトレースプロバイダーを作成し、それをコンテキストプロパゲーターとともに OpenTelemetryインスタンスに登録します。

```
SdkTracerProvider tracerProvider = SdkTracerProvider.builder()
  .addSpanProcessor(BatchSpanProcessor.builder(
    OtlpGrpcSpanExporter.builder().build()).build())
  .setResource(resource)
  .build();

OpenTelemetry openTelemetry = OpenTelemetrySdk.builder()
  .setTracerProvider(tracerProvider)
  .setPropagators(ContextPropagators.create(
    W3CTraceContextPropagator.getInstance()))
  .buildAndRegisterGlobal();
```

buildAndRegisterGlobal()を呼び出すと、アプリケーション全体で使用できる
OpenTelemetry APIのインスタンスを返します。さらに、グローバルなシングルトン
として登録されるため、その後でGlobalOpenTelemetry.get()を呼び出すと、同じ
OpenTelemetryインスタンスにアクセスできます。ただし、このget()メソッドは、初
期化順序に依存する可能性があるため、推奨されません。インスタンスを構築して必
要な箇所に参照を渡すか、あるいは依存性注入のような方法で与えられたインスタン
スを参照する別のパターンを使用するのが望ましいでしょう。トレースプロバイダーと
コンテキストプロパゲーターについては、5章と6章で取り上げます。

これでOpenTelemetry APIを構成したので、次にOkHttpを計装していきましょう。
これにはまず、Gradleの依存関係に以下を追加します。

```
implementation("io.opentelemetry.instrumentation:opentelemetry-okhttp-3.0:↵
1.21.0-alpha")
```

OkHttpTracing計装は、提供されるOkHttpClientをラップするCall.Factory実装
を提供します。

```
public class OkHttpConfiguration {
  public Call.Factory createTracedClient(OpenTelemetry openTelemetry) {
    return OkHttpTracing.builder(openTelemetry).build()
      .newCallFactory(createClient());
  }

  private OkHttpClient createClient() {
    return new OkHttpClient.Builder().build();
  }
}
```

任意のHTTP呼び出しに提供されたCall.Factoryを使うことで、アクティブなスパ
ンコンテキストの下でクライアントスパンが自動的に作成され、構成されたコンテキス
トプロパゲーターとともにトレースコンテキストが伝搬されます。生成されたスパンは
OTLPを介してデフォルトのエンドポイントにエクスポートされます（スパンエクスポー
ターについては6章で詳しく取り上げます）。

4.3 まとめ

本章にはコレクターパイプライン、トレーサープロバイダー、スパンプロセッサーな
ど、読者にとってなじみのない概念もありますが、既存のJavaアプリケーションに計装

することが、エージェントをアタッチするのと同じくらい簡単にできることを見てきました。実装の詳細は他の言語では異なるかもしれませんが、コンセプトはそのままです。デフォルトの、すぐに使えるテレメトリーは、追加も保守も簡単であるべきです。

アプリケーションを計装し、リソース属性を発見するために必要な手順を可能な限り簡単にすることで、チームはOpenTelemetryを組織全体にデフォルトで展開できるようになります。自動のコンテキスト伝搬とともに、分散システムに分散トレースを扱うサービスを非常に少ない労力で始められ、トランザクションコンテキストを補強し、リグレッションをデバッグしたり、システムのふるまいをより良く理解できるようになります。次章では、トレースコンテキストがサービス内およびサービス間でどのように伝搬されるかについて見ていきましょう。

5章
コンテキスト、バゲッジ、プロパゲーター

オブザーバビリティツールを使って本番環境のシステムを監視し、デバッグの際に貴重な洞察を得るためには、サービスから標準的なテレメトリーを簡単に生成できることが重要な一歩となります。しかし、現代では外部依存がまったくなく、完全に孤立して動作するソフトウェアシステムはほとんど存在しません。多くのデータにアクセスできることがオブザーバビリティを実現するわけではありません。効果的なオブザーバビリティを達成するには、サービスやシグナルをまたいで、トランザクションの一部として生成されたすべてのテレメトリーを結びつけるためのコンテキストが不可欠です。本章では、OpenTelemetryがテレメトリーコンテキストを標準化し、サービス間でどのように伝搬を実現するかを説明します。

5.1　テレメトリーコンテキストとContext API

オブザーバビリティの目的は、リリースなどの変更がシステムにどのような影響を与えるかを理解し、必要なデータを提供することで、計画通りに進まない場合にリグレッションの根本原因を簡単に特定できるようにすることです。このような場合、システム内で変更が発生した際に何が起こっていたのかを把握することがもっとも重要です。たとえば、サービスレプリカ内でそれぞれの操作が応答時間のメトリクスにどのような影響を与えているかを確認したり、特定のユーザートランザクションが予期せぬ動作をした理由を突き止めたりするためには、複数のサービスにまたがる詳細な情報が求められるでしょう。

実際の分散システムでは、個々の操作は異なるスレッドやコルーチンなど、さまざまな実行単位によって処理されることが多く、複数のクライアント要求を同時または非同

期に処理します。テレメトリークライアントは、横断的な関心事として、与えられたトランザクションを処理するさまざまな操作間で伝搬可能な、トランザクション全体をスコープとする情報を保存する方法が必要です。

Context APIは、特定の時点で特定のアプリケーションが処理している操作に関連するキーと値のペアを管理するための標準的な方法を提供し、これを実現します。

テレメトリーコンテキストの概念は、長い間存在しています。Javaユーザーは、LogbackやLog4jなどのログフレームワークでは、Mapped Diagnostic Context（MDC）を使ってスレッド内で属性を保存できることをご存知かもしれません。

ユーザーセッションIDのようなプロパティを、リクエストを処理するすべてのメソッドに手動で渡す代わりに、開発者はこのプロパティを一度MDCにセットし、すべてのログ行にそのフィールドを自動で埋め込むロギングハンドラーを利用できます。OpenTelemetryのContext APIは、JavaではThreadLocalを使ってキーと値のペアを保存し、同様の動作を実現しています。他の言語でも同様に、関数呼び出し間でコンテキストオブジェクトを手動で渡すことなく、コンテキストを伝搬するためのメカニズムが使われています。たとえば、PythonではContext Variables、JavaScriptではAsync Hooksがその役割を果たします。これらのメカニズムを使用することで、言語内でのテレメトリーコンテキストの取り扱いは**暗黙的**になります。実行スコープの値を保存する標準的な方法がない言語では、開発者は関数の引数としてコンテキストを**明示的**に伝搬する必要があります。

> Javaのようにコンテキストを暗黙的に扱う言語の場合、ユーザーは通常、直接Context APIを呼び出すのではなく、可能な限り、関連するテレメトリーシグナルのAPIを使うべきです。

Context APIは、コンテキスト内でキーを作成したり、そのキーに対応する値を取得・設定するための一連の関数やデフォルト実装を定義します。個々のコンテキストインスタンスは不変であり、変更する場合には、更新されたキーと値のペア、および元の親コンテキストが持つすべてのキーを含む新しいインスタンスが返されます。また、コンテキストを暗黙的に扱う言語では、現在の実行に関連するコンテキストを取得したり、現在の実行スコープにコンテキストをアタッチ・デタッチするためのグローバル関数も提供されます。このAPIにより、すべてのテレメトリーシグナルが、基礎となる実装から抽象化された単一のコードベース内で、コンテキスト伝搬のための共通基盤を共有で

きるようになります。

Javaでこの機能にアクセスするには、opentelemetry-apiの依存関係に含まれている opentelemetry-context MavenアーティファクトのContextとContextKeyクラスを使用します。Javaはコンテキストを暗黙的に扱う言語であるため、キーを更新する際は、まず現在のコンテキストを取得します（設定がない場合はルートコンテキストがデフォルトで使用されます）。次に、更新したキーを持つ新しいコンテキストを作成し、それを現在の実行に関連付けていきます。

```
// コンテキストキーを作成
static final ContextKey<String> MY_KEY =
  ContextKey.named("someKey");
:
// 新しいキーを持つ新しいコンテキストを作成
Context myContext = Context.current().with(MY_KEY, "someValue");
Scope myScope = myContext.makeCurrent();
:
// 別のメソッドで値を取得 (同じスレッド内)
String myValue = Context.current().get(MY_KEY);
:
// 戻る前にスコープを閉じる
myScope.close();
```

makeCurrent()を呼び出すと、特定のコードブロック内にアタッチされたコンテキストを表すScopeが返されます。Scopeは、現在の実行コンテキストが終了する前に必ず閉じる必要があります。これを怠ると、メモリリークが発生したり、誤ったコンテキスト情報が使用されて、コンテキストに依存するテレメトリーに不整合が生じる可能性があります。スコープが確実に閉じられるように、ScopeクラスはAutoCloseableインターフェイスを実装しており、try-with-resourceブロック内で使用できます。

```
try (Scope ignored = myContext.makeCurrent()) {
  // この中で呼び出すメソッドは同じコンテキストを使えます
}
```

この方法でコンテキストを管理することは可能ですが、簡単ではありません。すべてのスコープが適切に閉じられていることを確認するのは、特にクライアントからの単一リクエストを複数のエグゼキューターやスレッドプールで処理するような非同期コードでは難しくなります。このような場合に役立つよう、Context APIは非同期タスクの操作を簡素化するための一連のラッパーを提供しています。たとえば、Runnable内のコードが同じ実行スコープの変数を継承するように現在のコンテキストを伝播させたい場

合、以下のコードでラップできます。

```
Context.current().wrap(new Runnable() {
  public void run() {
    // このスレッド内のコードは親スレッドのコンテキストを継承します
  }
}).run();
```

Callable、Consumer、Function、Supplierなどの並行処理クラスにも、同様のwrap()メソッドが提供されています。

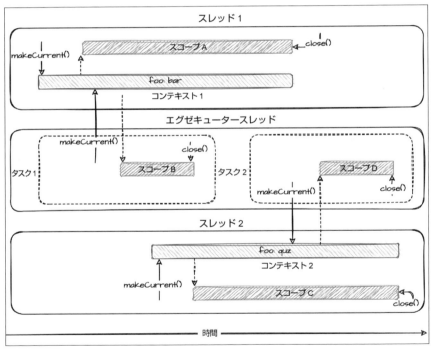

図5-1：複数のスレッドから単一のエグゼキュータースレッドに伝搬されるコンテキスト

図5-1に示すように、wrap()メソッドを使うか、コンテキストインスタンスに対して手動でmakeCurrent()を呼び出すことで、指定したコンテキストが特定の実行ユニットにアタッチされます。この場合、タスク1がスコープBでアクティブなときにContext.current()を呼び出すと、foo: barのコンテキストが見つかります。その後、

5.1 テレメトリーコンテキストと Context API | 77

　同じスレッドで実行されるタスク2では別のコンテキストがアタッチされ、scopeD内で同じ呼び出しを行うと、foo: quzのコンテキストが返されます。

　JavaのExecutorフレームワークを使う場合、タスクが継承すべきコンテキストにアクセスできないことがよくあります。ExecutorやExecutorServiceを作成する際、その時点でのコンテキストが最適であるとは限りません。たとえば、アプリケーションの起動時にエグゼキューターサービスを初期化し、非同期HTTPクライアントとして使用するケースがよくあります。個々の呼び出しはサービスによってピックアップされ、別スレッドで非同期に実行されます。受信リクエストを処理する際、通常、受信リクエストから送信される非同期HTTP呼び出しに同じテレメトリーコンテキストを伝搬させたいと考えます。常にこのように実装できるわけではありませんが、エグゼキューターがピックアップするすべてのRunnableをラップする代わりに、以下のようにExecutorServiceを計装できます。

```
ExecutorService myExecutor =
  Context.taskWrapping(Executors.newFixedThreadPool(10));
```

　myExecutor.submit()（またはmyExecutor.execute()）に対するすべての呼び出しは、呼び出し時点のコンテキストを自動的に継承します。

　最後に、Javaエージェントの計装を使用する場合、エグゼキューターライブラリはForkJoinPoolやAkkaのMessageDispatcherなど、一般的なエグゼキューターを自動的に計装します。この動作は、以下の2つの設定オプションで制御できます。

- otel.instrumentation.executors.include：計装するExecutorサブクラスのカンマ区切りリスト。
- otel.instrumentation.executors.include-all：Executorインターフェイスを実装するすべてのクラスを計装するかどうか。デフォルトはfalseです。

6章で見ていくように、非同期タスクにトレースコンテキストを伝搬させることが、操作間の因果関係を説明するために最適であるとは限りません。エグゼキューターを自動的に計装する機能は、アプリケーション所有者がその結果を理解している特定のケースでのみ使用されるべきです。

　この節で紹介した概念は、具体的な現実の例がなければやや抽象的で理解しにくいかもしれません。これらの概念は、次節のBaggage API、さらに6章でTracing APIを

詳しく学ぶことで、より明確になるでしょう。

5.2 Baggage API

前節で述べたように、Context APIを直接操作して実行スコープのプロパティを設定したり取得したりすることは可能ですが、特にコンテキストが暗黙的に扱われる場合、計装の作者や開発者には推奨されません。代わりに、OpenTelemetryは各シグナルのAPIを通じてこれらのプロパティへのアクセスを提供します。たとえば、Tracing APIはContext APIを使って現在のトレースに関連する情報を保存しますが、開発者はTracing APIを使用してこれらの情報を操作する必要があります。

現在のテレメトリーコンテキストに関連するユーザー定義のプロパティのニーズに応えるため、OpenTelemetryは**Baggage API**を提供しています。これは、たとえばユーザートランザクションの依存関係の連鎖の上位にしか存在しない情報（リクエスト開始時のウェブセッションIDなど）を、スタック内の他のサービスに伝搬させるのに便利です。バゲッジはこのような情報を伝搬し、関連する他のシグナルで使用できるようにします。

バゲッジは他のテレメトリーシグナルとは独立しています。つまり、値はスパンやメトリクスの属性として自動的に追加されるわけではありません。これらの値は、関連するシグナルAPIを使用して取得し、手動で追加する必要があります。

Context APIと同様に、Baggage APIもOpenTelemetryの仕様に従っており、SDKをインストールしなくても完全に機能します。Baggage APIは、名前と値のペアの集合を**Baggage**データ構造として定義します。また、特定のBaggageインスタンスと対話するために、以下のような関数が実装されています。

- 名前／キーで識別される文字列値をセットします。オプションで、その値に関連するメタデータ（同じく文字列型）もセットします。
- 名前／キーで指定された値と、そのメタデータを取得します。
- すべての値（およびメタデータ）と、その名前／キーを取得します。
- 名前／キーで指定された値（およびメタデータ）を削除します。

さらに、Baggage APIはテレメトリーコンテキストと対話するための次の機能を提供します。

- 指定されたコンテキストからBaggageインスタンスを抽出します。
- 指定されたコンテキストにBaggageインスタンスをアタッチします。
- コンテキストが暗黙的に扱われる場合、現在のコンテキストからBaggageインスタンスを抽出またはアタッチします。
- 既存のコンテキストのBaggageをクリアします。これは実装によっては、空のBaggageをコンテキストにアタッチすることで実現することがあり、信頼できない境界を越えて機密情報が伝搬されるのを防ぎます。

Javaでは、Baggage APIはContext APIと非常に似たパターンで扱えます。Baggageインターフェイスの実装は不変であり、値をセットすると新しいオブジェクトが返されます。現在のコンテキストにバゲッジをアタッチするためのmakeCurrent()関数が提供されており、この関数は基となるContext APIを呼び出して、指定されたバゲッジを持つ新しいコンテキストを作成し、Scopeを返します。コンテキストの場合と同様、メモリリークや計装の不具合を防ぐためにスコープは閉じる必要があります。次の例では、現在のバゲッジに値をセット、および取得しています。

```
// 現在のバゲッジを更新して新しいバゲッジを作成
Baggage myBaggage = Baggage.current()
  .toBuilder()
  .put("session.id", webSessionId)
  .put("myKey", "myValue",
      BaggageEntryMetadata.create("some metadata"))
  .build();

// 新しいバゲッジを、このスコープにおけるバゲッジにする
try (Scope ignored = myBaggage.makeCurrent()) {
  ...
  // このスコープ内の他のメソッドで値を取得
  String mySessionId = Baggage.current()
    .getEntryValue("session.id");
  BaggageEntry myValueEntry = Baggage.current()
    .asMap().get("myKey");
  String myValue = myValueEntry.getValue();
  String myMetadata = myValueEntry.getMetadata().getValue();
}

// バゲッジをクリア
try (Scope ignored = Baggage.empty().makeCurrent()) {
```

    // このスコープではバゲッジは空になります
  }

　この例では、asMap()メソッドを使ってすべての値を取得したり、BaggageEntryからメタデータを取得したり、スコープ内でバゲッジをクリアして値が伝搬しないようにしています。

バゲッジは通常、HTTPヘッダーとして送信されるネットワークリクエストに伝搬されるため、特にサードパーティーのエンドポイントを呼び出す際には、機密情報をバゲッジに含めないことが重要です。

5.2.1　W3C Baggage仕様を使用した伝搬

　Propagators APIに関連する次節で詳しく説明するように、OpenTelemetryは異なるシグナルがサービス間でコンテキストを伝搬する方法を標準化しています。Baggage APIは、TextMapPropagatorと呼ばれるプロパゲーターのタイプを使って、バゲッジを伝搬する方法を提供しています。これは、文字列のキーと値のペアを使用してキャリアからコンテキストを注入したり抽出したりするプロパゲーターの一種です。たとえば、HTTPクライアント/サーバーなどの計装モジュールは、Baggage APIを使ってHTTPリクエストにバゲッジの値を注入または抽出できます。

　バゲッジの概念は、以前はOpenTracingなどのトレーシングライブラリに存在しており、その後、OpenTelemetryではTracing APIから分離されました。OpenTracingではAPIのデフォルト実装を提供しなかったため、HTTPヘッダーとして使用できるさまざまなバゲッジのキーと値の伝搬フォーマットが登場しました。たとえば次のようなものです。

- Jaegerクライアントはuberctx-{key}: {value}を使用します。
- Lightstepクライアントはot-baggage-{key}: {value}を使用します。
- Zipkinクライアント（通常はB3形式のプロパゲーションを使用）は特定のフォーマットを規定していませんが、大多数はbaggage-{key}: {value}を使用します。詳細はhttps://github.com/openzipkin/b3-propagation/issues/22を参照してください。

　デフォルト実装として、OpenTelemetryは新しいバゲッジの表現方法を提案してお

り、これは W3C ワーキングドラフトとして承認されています。詳細は https://www.w3.org/TR/baggage で確認できます。

それぞれのキーと値のペアを個別のヘッダーとしてエンコードする代わりに、W3C Baggage は単一の baggage ヘッダー（複数のバゲッジヘッダーを許可し、組み合わせることも可能）を使用します。各ヘッダーはカンマ区切りのバゲッジアイテムのリストを含んでおり、各アイテムは「等号」で区切られたキーと値のペアで構成されます。さらに、メタデータをセミコロンで区切られたプロパティのリストとして各アイテムに追加できます。このフォーマット仕様には、先頭や末尾のスペース、ヘッダーフォーマット、制限、パーセントエンコーディングなどに関する必要な詳細がすべて記載されていますが、ここでは以下の例で説明します。

```
baggage: key1=value1;property1;property2, key2=value2, key3=value3;
propertyKey=propertyValue
```

このバゲッジヘッダーから、次のようなエントリが抽出されます。

- キー key1 と値 value1 を持つエントリ、およびキー property1 と property2 という 2 つのメタデータプロパティ
- キー key2 と値 value2 を持つエントリ、メタデータなし
- キー key3 と値 value3 を持つエントリ、およびキー propertyKey に対する値 propertyValue を持つ 1 つのメタデータプロパティ

5.3 サービス間コンテキストと Propagators API

前節で見たように、サービス内の実行ユニット間でテレメトリーコンテキストを伝搬することは、それ自体で多くのユースケースで有用です。テレメトリーシグナルに特化した機能であるだけでなく、同じ実行スコープに関連するユーザー定義のプロパティを伝搬させるときにも便利です。その一方で、同じトランザクションの一部となるサービス間でコンテキストを伝搬することで、オブザーバビリティを次のレベルに引き上げます。これは分散システムにおいて、オブザーバブルなシステムを構成するための重要な要素です。分散システムが個々のユーザーリクエストを処理する場合、ときにブラックボックスのように感じられることがあります。リクエストが入力され、そのリクエストを受け取ったサービスが内部の他のサービスを呼び出し、それらがさらに別のサービスを呼び出すこともあります。そして最終的に、ユーザーにレスポンスを返したり、分

散システムから何らかの出力が返されます。このトランザクションが分散システムをどのように経由したかという情報は、システムの動作を理解する上で非常に役立ちますが、そうした情報はほとんど得られません。これでは、オブザーバビリティがあるとは言えません。

コンテキスト伝搬は、テレメトリークライアントやオブザーバビリティツールに、1つのトランザクションの一部として発生する複数のテレメトリーイベントをリンクするために必要な情報を提供します。これにより、分散システムのトランザクション動作に対する高い粒度の洞察が得られます。

何年にもわたり、この問題を解決するために、さまざまな組織がさまざまなソリューションを実装してきました。いくつかの組織では、ベンダー固有のAPMエージェントを使用し、ベンダーの内部表現や独自のコンテキスト伝搬フォーマットに依存していましたが、これは多くの面で組織を制約するものであることは、この本の最初の章で説明しました。一方で、よりオープンソースなアプローチを取った組織では、自分たちでコンテキスト伝搬を構築することを選びました。よくあるパターンとして、トランザクションIDや相関IDの形式の情報を、カスタムビルドのHTTPサーバー/クライアントプラグインやヘッダーフォーマットでサービス間に伝搬させ、リクエストから手動で抽出し、MDCのようなフレームワークに注入してアプリケーションのログの一部として使用する方法があります。このアプローチは、メンテナンスの負担が増えるだけでなく、依存関係の連鎖内にあるサービスがプラグインに対応していないシステムで実行されている場合、コンテキスト伝搬が不完全になることがよくありました。さらに、既存のオブザーバビリティツールでは、この情報を簡単に表示してデバッグを迅速に行えるようにはできませんでした。個人的な経験では、複数のサービスのアプリケーションログから個々のトランザクションIDを探すのは、決して楽しい作業ではありません！

OpenTracingとOpenCensusの普及により、サービス間でコンテキストを伝搬するための標準がいくつか出現し始めました。しかし、これらにはいくつかの根本的な課題がありました。

- OpenTracingはデフォルト実装を提供しなかったため、多くの伝搬フォーマットが登場しました（b3、X-B3-*、ot-*、uber-*など）。
- 通常、コンテキストはトレースに結びつけられていたため、トレースコンテキスト以外の伝搬ができませんでした。
- APIはアプリケーションに対して単一のプロパゲーターしか設定できなかったた

5.3 サービス間コンテキストと Propagators API | **83**

め、大規模な分散システムで複数チームが管理する状況ではコンテキストの伝搬が難しく、特に実装を移行する場面では、クライアントとサーバーが異なるプロパゲーターで設定され、コンテキストが伝搬されなくなる問題がありました。

これらの課題に対処するため、OpenTelemetryはContext APIでコンテキストをトレースコンテキストから分離しました。また、**Propagators API**を定義し、キャリア（つまり、値を書き込んだり読み取ったりするための媒体やデータ構造）にコンテキストを注入したり抽出したりするための一連のプロパゲーターインタフェースを提供しています。これにより、トレースやバゲッジなどのシグナルを独立して使用できるようになります。OpenTelemetry仕様で現在プロパゲーターとして定義されているのは、文字列マップをキャリアとするTextMapPropagatorのみですが、将来的にはバイナリプロパゲーターも提供される予定です[†1]。

プロパゲーターは次の操作をサポートします。

- **注入**（Inject）：プロパゲーターは、指定されたコンテキストから関連する値を取得し、指定されたキャリアに書き込みます。たとえば、送信リクエストのHTTPヘッダーのマップです。この場合、キャリアは変更可能であることが期待されます。
- **抽出**（Extract）：プロパゲーターは、指定されたキャリア、たとえば受信リクエストのHTTPヘッダーのマップから関連する値を読み取り、その値で指定したコンテキストを更新します。その結果、コンテキストの新しい不変インスタンスが返されます。

さらに言語によって、プロパゲーターがキャリア内の値を操作するためのセッターとゲッターのインスタンスを必要とする場合があります。これにより、プロパゲーターはデータ操作を文字列マップのような実装に結びつけることなく、より一般的なユースケースをサポートできるようになります。

OpenTelemetryプロジェクトは、デフォルトのプロパゲーターのリストを定義し、APIや拡張パッケージの一部としてメンテナンスし、配布しています。

---

†1 翻訳注：翻訳時点では、バイナリプロパゲーターが追加予定であるという旨はドキュメント（https://opentelemetry.io/docs/specs/otel/context/api-propagators/#propagator-types）には記載されているものの、需要がない、ベンチマーク上のメリットがないなどの理由で、仕様追加の議論はクローズされています。詳しくはhttps://github.com/open-telemetry/opentelemetry-specification/issues/437を参照。

- **W3C Baggage**：前節で詳述したように、これはW3Cワーキングドラフトで、バゲッジの値を伝搬するためのものです。通常、APIの一部として提供されます。
- **W3C TraceContext**：トレースコンテキストを伝搬するためのW3C推奨規格で、通常はAPI実装とともに提供されます。これについては6章で詳しく説明します。
- **B3**：Zipkinによって提案されたトレースコンテキスト伝搬標準で、多くの他の分散トレーシング実装でも広く使用されています。通常、拡張パッケージとして含まれます。
- **Jaeger**：主にJaegerクライアントによってトレースコンテキストを伝搬するために使用されています。通常、拡張パッケージとして含まれます。

オプションとして、コアのOpenTelemetry拡張には**OT Trace**プロパゲーターが含まれる場合があり、これはLightstepトレーサーのようなOpenTracing基本トレーサーで使用されています。また、AWS X-Rayコンテキストプロパゲーターのような、外部で維持されている追加のプロパゲーターを提供するパッケージも存在します。

複数のトレースコンテキストプロパゲーターを同時に利用したり、複数のシグナル（たとえばトレースとバゲッジ）のコンテキスト伝搬をサポートするため、OpenTelemetry仕様に準拠する言語は**コンポジットプロパゲーター（複合プロパゲーター）**をサポートしなければなりません。コンポジットプロパゲーターは、プロパゲーターやインジェクター/エクストラクターの順序付きリストで作成でき、指定された順序通りに呼び出されます。プロパゲーターが処理した結果のコンテキストやキャリアには、前のプロパゲーターが読み取ったり書き込んだりした値がマージされることがあります。たとえば、JaegerとW3C Baggageプロパゲーターをこの順序で使用する場合、特定の受信リクエストに対して両方のヘッダーに同じバゲッジエントリが含まれていると、最後に呼び出されたW3C Baggageが抽出したものが優先されます。

同じシグナルに対してコンポジットプロパゲーターを使用する場合、特に他のプロパゲーターが情報の欠損を引き起こす可能性がある場合は、優先するプロパゲーターをリストの最後に配置してください。たとえば、異なる長さのトレースIDのパディングなどが考えられます。これにより、コンテキストが適切に抽出され、他のサービスに伝搬されることが保証されます。

通常、プロパゲーターを使用するのはクライアント/サーバーやコンシューマー/プ

ロデューサーの計装パッケージ（たとえばJettyなど）であり、グローバルに設定されたプロパゲーターのセットから取得して使用します。アプリケーション所有者が直接使用することはほとんどありません。前述のように、キャリアは通常 HttpURLConnection のようなネットワーク関連フレームワークのオブジェクトであり、setRequestProperty() のようなメソッドで送信リクエストにヘッダーを注入できます。

図5-2は図5-1を発展させたもので、コンテキストがサービス内の実行ユニット間で伝搬されるだけでなく、受信リクエストから抽出し、同じトランザクションの一部である送信リクエストに注入される様子を示しています。受信リクエストから抽出したコンテキストが別のスレッドに伝搬され、そこでクライアント計装が送信リクエストにヘッダーを注入します。クライアント計装ライブラリは通常、リクエストを処理する際に現在のコンテキストから独自のスコープを作成しますが、図では省略しています。

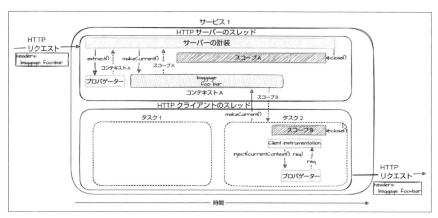

図5-2：W3C Baggageがサービス内の複数のスレッドによって処理されるリクエストに抽出/注入される様子

これはアプリケーション所有者よりも自動計装の作者にとって使用頻度が高いものであり、以下のコードスニペットはプロパゲーター APIの動作の例として、現在のコンテキストをHashMapに注入しています（null値の検証は簡単のため省略しています）。

```
TextMapSetter<HashMap<String, String>> setter = HashMap::put;
HashMap<String, String> myMap = new HashMap<>();
openTelemetry.getPropagators()
  .getTextMapPropagator()
  .inject(Context.current(), myMap, setter);
```

この場合、セッターの実装は、キーと値を引数として受け取り、マップにput()を呼び出すだけで済みます。逆に、HashMapからコンテキストを抽出するには、次のようにします。

```
TextMapGetter<HashMap<String, String>> getter =
  new TextMapGetter<HashMap<String, String>>(){
    @Override
    public String get(
        HashMap<String, String> carrier, String key) {
      return carrier.get(key);
    }

    @Override
    public Iterable<String> keys(
        HashMap<String, String> carrier) {
      return carrier.keySet();
    }
  };

Context extractedContext = openTelemetry.getPropagators()
  .getTextMapPropagator()
  .extract(Context.current(), myMap, getter);
```

この場合、指定したキーに対してマップから値を取得する方法を提供するだけでなく、ゲッターはキーをIterableとして返す方法も提供しなければなりません。

5.3.1　プロパゲーターを設定する

4章では、Javaエージェントがコンテキスト伝搬のためのデフォルト設定を行い、W3C TraceContextとW3C Baggageをデフォルトのプロパゲーターとして使用していることを述べました。プロパゲーターを設定する際、Javaエージェントを使うのであれば、otel.propagatorsプロパティ（またはOTEL_PROPAGATORS環境変数）を使用するのがもっとも簡単です。このプロパティは、プロパゲーター名のカンマ区切りリストで設定できます。サポートしている値は以下の通りです[2]。

- tracecontext：W3C TraceContext（デフォルトで有効）
- baggage：W3C Baggage（デフォルトで有効）
- b3：B3シングル、2018年に標準化された単一のb3ヘッダー表現

---

†2　翻訳注：執筆時点では、他にもottrace、xrayなど、いくつかの仕様がサポートされています。https://opentelemetry.io/docs/languages/java/configuration/ を参照してください。

- `b3multi`：オリジナルのB3コンテキスト伝搬、X-B3-*ヘッダーを使用
- `jaeger`：Jaegerのコンテキストとバゲッジ伝搬
- `xray`：AWS X-Rayのコンテキスト伝搬
- `ottrace`：OpenTracingのベーシックトレーサーのコンテキストとバゲッジ伝搬

また、アプリケーションの起動時にグローバルなOpenTelemetryインスタンスを作成して登録する際に、プログラム的にプロパゲーターを設定することもできます。

4章の例を詳しく解説すると、簡単のためにW3C TraceContextプロパゲーターのみを設定していましたが、次のスニペットではW3C Baggageを使ってバゲッジも伝搬し、Jaegerヘッダーを使用する依存関係でもそのコンテキストを伝搬できるようにしています。

```
OpenTelemetrySdk openTelemetry = OpenTelemetrySdk.builder()
  .setTracerProvider(tracerProvider)
  .setMeterProvider(meterProvider)
  .setPropagators(ContextPropagators.create(
    TextMapPropagator.composite(
      JaegerPropagator.getInstance(),
      W3CTraceContextPropagator.getInstance(),
      W3CBaggagePropagator.getInstance()))))
  .buildAndRegisterGlobal();
```

Javaでは、APIの一部であるW3C TraceContextとW3C Baggageプロパゲーターを除いて、コアトレースコンテキストプロパゲーターのセットがopentelemetry-extension-trace-propagators Mavenアーティファクトの一部としてリリースされています。

5.4 まとめ

本章では、分散システムにおけるコンテキスト伝搬のモチベーションと必要性、そしてOpenTelemetryの設計が、現在は非推奨となったOpenTracingやOpenCensusのようなプロジェクトからの影響を受けながら、より柔軟でモジュールされ疎結合となったContext APIとPropagators APIについて詳述しました。また、本章では、サービス所有者がアプリケーション内でプロパゲーターを構成するために必要な情報も述べてきました。

さらに、本章ではテレメトリーシグナルの1つであるバゲッジについて、コンテキス

トに依存していることや、ユーザー定義の値を実行ユニットやサービス間で伝搬する目的を達成することについても取り上げました。次章では、コンテキストの伝搬を必要とするもう1つのシグナルであるトレースについて解説し、どのようにシステムの動作を効果的に説明するかを検討していきます。

6章
トレース

　前章で議論した内容を考慮すると、テレメトリーコンテキストがオブザーバビリティを実現するための必須要件であることは明らかです。コンテキストやプロパゲーターとともに、トレースがOpenTelemetryの最初の1.xリリースを達成するための主要なコンポーネントになったのは驚くことではありません。トレースは、分散トランザクション内で因果関係のある操作がどのように表現されるかを標準化します。5章ではやや抽象的に感じられたかもしれませんが、コンテキスト、スコープ、および伝搬の概念は、トレースに適用することでより具体化できます。本章では、OpenTelemetry Tracing APIやSDK、設定、トレースコンテキストの伝搬、手動計装のベストプラクティスについて詳しく見ていきます。

6.1　分散トレースとは何か？

　5章でテレメトリーコンテキストの概念を探った際、OpenTelemetryが、スレッド間やサービス間で同じ作業単位に関連する実行範囲の値を管理・伝搬するための標準的な方法を提供すると説明しました。これまで見てきたように、テレメトリーの一部（つまり、ビジネスメッセージの一部としてコンポーネント間で渡されるデータ）は、システムドメインにカスタマイズされ、通常はバゲッジで表現されます。一方で、分散システム全体に共通する情報も存在します。もし、各チームや組織がContext APIやPropagator APIを直接使用して分散トランザクションやその操作・属性を表現しようとすれば、混乱を招くことが容易に想像できます。そのような状況では、コラボレーションが促進されず、オブザーバビリティツールがこのデータを扱ってデバッグを支援するための分析や可視化を提供することはほぼ不可能でしょう。

結局のところ、トランザクションの概念は特定のドメインに限られたものではありません。ほとんどのシステム、特に分散システムでは、特定のアクションを実行するために複数の操作やコンポーネント、サービスが連携する必要があります。ここで役立つのがトレースです。3章でトレースの概要を紹介したように、トレースはそのようなデータを計装し、処理し、エクスポートするためのデータ表現とツールを提供します。これにより、オブザーバビリティプラットフォームは分散システムに関する高い粒度の洞察を提供できるようになります。

アプリケーションのログに慣れている人にとって、トレースは持続時間を含むとても詳細なアクセスログだと考えられます。この場合のアクセスログは、単にHTTP/RPCレイヤーに留まらず、アプリケーション内部の重要な操作にまで入り込み、それらの操作のタイミングを測定します。自由形式のログメッセージとは異なり、トレースは共通のトランザクションに関連するデフォルトの属性や、その操作がどの位置にあるか（つまり、何が特定の操作を引き起こしたか）を含む、構造化されたイベントデータを提供します。この構造化されたデータの単位を**スパン**と呼び、1つの分散トランザクションに属するすべての操作をリンクする論理的な概念を**トレース**と呼びます。

このレベルの詳細な情報は、分散システムに対して非常に価値ある洞察を提供しますが、大規模に展開するとその維持が困難になる可能性があります。巨大な分散システムを正確に表現するためには、膨大な量のデータをエクスポート、処理、保存する必要があり、それは技術的にも財務的にも大きな負担となるでしょう。アプリケーションログと同様、デバッグに不可欠なデータはありますが、ほとんどのデータは特に興味深いものではありません。多くの場合、トランザクションは期待通りに動作し、エラーがなく、許容範囲内の応答時間を記録するだけです。

幸いなことに、トレースは構造やコンテキストを持っているため、すべてのトレースを保持せずに、一部のトレースのみを保存し、他の多くの不要なトレースを破棄するためのサンプリングアルゴリズムを開発可能です。本章でもサンプリングに触れていますが、これは非常に重要なトピックであり、独立した章でさらに詳しく議論する価値があります。このテーマについては、OpenTelemetry Collectorの機能とともに10章で詳しく説明します。

スパンが持つ構造化された性質は非常に強力です。スパンは通常、トレースの一部として表現されますが、トレースを越えて作業単位を表す個別のイベントとしても分析できます。さらに、報告された持続時間を集約し、複数のディメンションにわたってグ

ループ化することが可能です。いくつかのテレメトリーバックエンドでは、スパンに対してアドホックなクエリーを実行し、特定の操作の平均持続時間を取得できます。加えて、OpenTelemetry Collectorを使用すれば、スパンからメトリクスを導出することも可能です。この柔軟性により、トレースを採用し始めたチームが、メトリクスの代替としてスパンに依存しすぎてしまうことがあります。スティーブン・スピルバーグの映画『ジュラシック・パーク』で、イアン・マルコム博士が言った有名なセリフ「そう、でも君たちの科学者たちは、研究一筋で倫理的責任を考えない連中だろ?」[†1]を思い出させるような状況です。トレースサンプリングは、エラーを含むトランザクションやもっとも遅いレスポンスタイムを持つケースなど、デバッグに値するトランザクションに偏って分布するため、スパンから直接抽出した解釈に影響を与える可能性があります。さらに、サンプリングを行わない場合でも、高スループットなシステムでは、トレースパイプラインが大量のデータや高いカーディナリティを処理する必要があり、これは通常、サービスが直接生成するメトリクスよりも安定性の低いシグナルとなる傾向があります。メトリクスは、7章で詳述するように、データ量が少なく、複数のイベントを1つのデータポイントに集約するAPI設計によって、シグナルの安定性を保ちつつ、短いサービス中断を考慮したエクスポートのリトライメカニズムを提供します。

このことは、スパンがトレンド分析に使用できないわけではなく、むしろ推奨される場面があることを示しています。分散トレースは、サービスや操作を横断してリグレッションを特定したり、異常を検出したりするのに役立ちます。そして、そのリグレッションが発生した理由の証拠として、個々のトレースにリンクすることも可能です。ただし、長期的なKPIを追跡するためのもっとも推奨されるシグナルではありません。OpenTelemetryでは、適切なシグナルをユースケースに応じて使用でき、共有されたコンテキストを利用することで、同じトランザクションの一部であるシグナル同士を簡単にリンクさせられます。

トレースの目的は、サービスと運用全体にわたる異常の特定を支援することでデバッグを支援し、必要な状況証拠を使用して根本原因調査を裏付ける高粒度のサンプルを提供することです。ただし、これはメトリクスの代替にはなりません。

[†1] 翻訳注: セリフの翻訳はhttps://www.netflix.com/jp/title/60002360から引用。

6.2 Tracing API

OpenTelemetryの設計原則に従い、Tracing APIは一連の公開インターフェイスと最小限の実装を定義し、アプリケーションの起動時に設定されるSDKに依存して望ましいふるまいを提供します。このアプローチにより、アプリケーションやサードパーティーライブラリで直接実装された計装は、SDKが設定されていない場合でもアプリケーションに副作用を与えないことが保証されます。この状況で、Tracing APIは基本的に動作しないAPI（no-op API）となり、コンテキストの伝搬以外の機能は実行されません。プロパゲーターが設定されている場合、トレーサーが設定されていなくてもトレースコンテキストはサービス間で伝搬し、トレースの分断を防ぐことが可能です。

6.2.1　トレーサーとトレーサープロバイダー

OpenTelemetry SDKを初期化し、グローバルなOpenTelemetryインスタンスに登録すると、TracerProviderを設定できます。単一のインスタンスを使用するのがもっとも一般的ですが、アプリケーション内に複数のTracerProviderインスタンスを持つことも可能です。これは、異なるトレーサー構成を使いたい場合などに便利です。

TracerProviderの主な役割は、名前の通りTracerインスタンスを提供することです。Tracerはスパンを作成するために使用されます。トレーサーを取得するためには、以下のパラメーターを指定できます。

- **名前**：トレーサーの名前。計装ライブラリの名前や、カスタム計装やライブラリにネイティブに組み込まれた計装の場合はライブラリ名、クラス、パッケージなどが使用されます。これは必須パラメーターです。何も指定しない場合、デフォルトで空の文字列が使用されます
- **バージョン**：計装、または計装されたライブラリのバージョンを指定するオプションのパラメーターです
- **スキーマURL**：このトレーサーによって生成されるすべてのイベントにアタッチされるべき schema_url を指定するためのオプションのパラメーターです
- **属性**：生成されるすべてのスパンに関連付ける計装スコープの属性セットで、オプションのパラメーターです

名前、バージョン、スキーマURLの組み合わせで、トレーサーの**計装スコープ**を

一意に識別します。OpenTelemetry仕様では、トレーサーを取得する際に取得される
Tracerインスタンスが同じであるか異なるものであるかは規定されていません。それ
ぞれの言語で、この動作は異なるかもしれません。たとえばJavaでは、インスタンス
はスレッドセーフな方法でコンポーネントレジストリから返されるため、同じパラメー
ターでトレーサーを取得する呼び出しを2回行うと、同じTracerインスタンスが返され
る結果になります。

　Javaでは、TracerProviderまたはOpenTelemetryインスタンス（登録されたトレー
サープロバイダーが使われます）からトレーサーを取得できます。

```
Tracer tracer = openTelemetry
  .tracerBuilder("my-library")
  .setInstrumentationVersion("0.1.0")
  .setSchemaUrl("http://example.com")
  .build();
```

　4章で述べたように、OpenTelemetryインスタンスはGlobalOpenTelemetry.get()
から取得できるものの、依存性注入（Dependency Injection）などの方法を使って計装
クラスにインスタンスを提供することが推奨されます。

6.2.2　スパンの作成とコンテキストの相互作用

　スパンは、トレース内の個々の作業単位を表します。すべてのトレースはルートスパ
ンから始まり、通常、与えられたトランザクションを分散システム内で実行するために
必要な作業をカプセル化します。トレース内の各スパンは1つ以上のサブスパンを持つ
ことができ、サブスパンは、親スパンがその作業を完了するために依存する個別の操
作を定義します。

　構造化イベントとして、Spanには次のプロパティがあります。

- **名前**：スパン名であり、作業単位を表します。名前はOpenTelemetryのセマン
  ティック規約に従い、トレース全体での分析を容易にするために統計的に有意であ
  る必要があります（またトレーズ全体での分析を容易にするという点から、UIDな
  どのカーディナリティが高い値を持つスパン名は強く推奨されません）
- **スパンコンテキスト**：一般的なテレメトリーContextと混同しないよう注意が必要
  です。SpanContextはスパンを一意に識別する情報（つまりTraceIdとSpanId）と、
  トレースに関連するその他のフラグや値が記述されます。通常、これはContext

に保存され（スコープ内のアクティブなスパンは現在のコンテキスト内のスパンとなります）、他の実行単位やサービス間で伝搬されます。これは、本章で後述するW3C TraceContext仕様に準拠しています

- **親スパン**：オプションであり、SpanまたはSpanContextへの参照です。これはトレースツリー内のスパン間の因果関係を保持します
- **スパン種別**：SpanKindは親子スパンの関係のセマンティクスを記述します。次のいずれかの値を持つことができます
  - CLIENT：呼び出し側で計装された同期的なリモート呼び出し（HTTPリクエストなど）。応答が受信されるまで、スパンは完了とみなされません。外部システムへの呼び出しでない限り、通常はSERVERスパンの親となります
  - SERVER：受け手側で計装された同期的なリモート呼び出し。呼び出し側に応答が返されるまで、スパンは完了とみなされません。外部システムやユーザーからの呼び出しでない限り、通常はCLIENTスパンの子です
  - PRODUCER：書き込む側で計装された非同期的なリクエスト（キューのメッセージなど）。通常このスパンは、子スパンにあたるCONSUMERスパンが開始される前に完了します
  - CONSUMER：読み込む側で計装された非同期的なリクエスト。親スパンであるPRODUCERスパンは、このスパンが開始される前に完了している場合があります
  - INTERNAL：サービス内の内部操作を表します。スパンを作成するときのデフォルト値です
- **開始タイムスタンプ**：Unixエポック時間でのスパンの開始時刻で、最小精度はミリ秒、最大精度はナノ秒です
- **終了タイムスタンプ**：Unixエポック時間でのスパンの終了時刻で、最小精度はミリ秒、最大精度はナノ秒です
- **属性**：キーと値のセットで、キーはnullや空文字ではない文字列、値はプリミティブ型（文字列、ブール値など）かプリミティブ値の配列でなければなりません。可能であれば、属性キーはOpenTelemetryのセマンティック規約に従うべきです
- **リンク**：Linkインスタンスのコレクションで、各Linkには、同一または異なるトレース内にある他のSpanもしくはSpanContextへの参照や、リンクを説明するオプションの属性セットが含まれます。リンクはスパン作成時にのみ追加できます

- **イベント**：Eventインスタンスのコレクションで、各Eventは名前、タイムスタンプ、イベントを説明するゼロ個以上の属性が記述されます
- **ステータス**：スパンが表す作業単位の結果を定義します。ステータスはステータスコードとオプションの説明（エラーの場合にのみ）を含みます。ステータスコードは次のいずれかの値を持つことができます
    - UNSET：デフォルトのステータス。通常、操作が期待通りに完了したことを示します
    - OK：このスパンを成功であるというアプリケーション所有者の明示的な意図を示し、上書きされるべきではないものです
    - ERROR：操作にエラーが含まれていることを示します

スパンを作成する際に考慮すべき重要な側面の1つは**粒度**です。スパンは、システムの健全性を評価する際に統計的に意味のある作業単位を表現すべきです。たとえば、プライベートメソッドを計装するために内部スパンを作成するとして、そのスパンは親スパン全体の持続時間の1%未満であり、かつ、常に呼び出し側にエラーを伝搬するようなものであれば、おそらくあまり効果的ではありません。転送コストやストレージコストが増加する可能性があることに加え、トレースにノイズが加わり、特に計装されたメソッドが単一操作の内部で何度も呼び出される場合、改善のための重要な領域を特定することが難しくなります。このようなケースでは、スパンイベントの方が適している場合があります。スパンイベントは、操作内の個々のイベントを注釈するための、より軽量な方法を提供します。逆に、ほとんどのケースで自動的に計装されるSERVERスパンとCLIENTスパンのみに頼ることは、複雑な内部処理をともなう操作には一般的すぎるかもしれません。

一般的すぎず、冗長すぎないスパンを作成することで、オブザーバビリティを向上させ、データ量を合理的なレベルに保つことができます。最適化の機会や、エラーのキャプチャが役に立つアプリケーションの重要なポイントを特定して、スパンを有意義なものに保ちましょう。

サービス所有者にとっては、サービスのSERVERスパンから始めて、徐々にトレースを内側に構築していくのが良いプラクティスです。**図6-1**では、このプロセスの単純な例を示しています。ドキュメントIDでPDF文書を取得するエンドポイントが完了す

るまで、別のサービスからドキュメントコンテンツを取得しているCLIENTスパンよりも、かなり長い時間がかかっていることがわかります。サービス所有者はサービス内で何が起こっているかについて直感的に理解できるかもしれませんが、その主張を裏付ける証拠はありません。この場合、主要な操作を分解して、get-content、load-tpl、render-pdfの3つの子スパンを作成するのが便利です。これにより、時間の大部分がPDFのレンダリングに費やされていること、そして、もしこの操作を最適化したい場合、コンテンツ取得と並行してテンプレートをロードできるかもしれないことが、明確に理解できます。

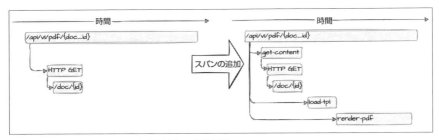

図6-1：内部スパンを用いた長時間操作の手動計装

JavaでTracing APIをデモするために、前節で初期化したTracerを使って、属性を1つ持つスパンを開始し、それを終了するコードは次のようになります。

```
Span span = tracer.spanBuilder("my first span")
    .setAttribute("isFirst", true)
    .setNoParent()
    .startSpan();
...
span.end();
```

これにより、INTERNALスパン（デフォルトのスパン種別）が生成され、startSpan()とend()メソッドが呼び出された時点を開始と終了とするタイムスタンプを持ちます。ただし、SpanBuilderクラスとSpanクラスは、必要に応じて異なるタイムスタンプを使用するためのメソッドを提供します。Javaはコンテキストを暗黙的に扱うため、作成されたスパンは自動的に、現在のコンテキストにおけるアクティブなスパンの子スパンになります。これは通常望ましい動作ですが、setNoParent()を呼び出すか、もしくはスパン作成時に手動で親を設定することでオーバーライドできます。前述の例では、ス

パンには親がないため、新しいトレースのルートスパンとなります。

スパンを単独で持ってもあまり有用ではないので、あるスパンを別のスパンの子として持つような階層構造を作成しましょう。次の例では、main operationスパンは、myMethod()が呼び出された時点でのコンテキストにおけるアクティブなスパンの子スパンになります。その後、inner operationスパンは、main operationスパンの子として作成されます。

```java
void myMethod() {
    // 自動的に現在のコンテキストにおけるアクティブなスパンの子スパンとなる
    Span parentSpan = tracer.spanBuilder("main operation")
        .startSpan();
    try {
        innerMethod(parentSpan);
    } finally {
        parentSpan.end();
    }
}

void innerMethod(Span parentSpan) {
    Span span = tracer.spanBuilder("inner operation")
        .setParent(Context.current().with(parentSpan))
        .startSpan();
    try {
        // いくつかの作業を行う
    } finally {
        span.end();
    }
}
```

これにより、2つのスパンの階層が作成されますが、これには問題があることが容易に想像できます。内部メソッドへのパラメーターとしてparentSpanを渡す必要があります。既存のコードベースに計装を追加するにはメソッドシグネチャの変更が必要となり、これは確実にスケールしませんし、開発者にとって最悪の悪夢となります。幸いなことに、Tracing APIはJava、Python、Nodeなどの言語でコンテキストを暗黙的に管理する簡単な方法を提供します。前章で見たように、トレースコンテキストを管理するために直接ContextAPIを使用する代わりに、Tracing APIを介してコンテキストを処理することが推奨されます。次のコードは、同じ動作を達成します。

```java
void myMethod() {
    // 自動的に現在のコンテキストにおけるアクティブなスパンの子となる
    Span parentSpan = tracer.spanBuilder("main operation")
    .startSpan();
```

```
  try(Scope ignored = parentSpan.makeCurrent()) {
    innerMethod();
  } finally {
    parentSpan.end();
  }
}

void innerMethod() {
  // parentSpanの子として自動的に設定
  Span span = tracer.spanBuilder("inner operation")
    .startSpan();
  try(Scope ignored = span.makeCurrent()) {
    // いくつかの作業を行う
  } finally {
    span.end();
  }
}
```

innerMethod()では、親スパンをパラメーターとして渡す必要はもうありません。その代わりにmyMethod()内でmakeCurrent()を呼び出すことで、現在のコンテキスト内でparentSpanを持つスコープが作成されます。このスコープ内でスパンを作成する場合、そのスパンは自動的にSpan.current()を親スパンとして使用することになり、このケースではparentSpanが親スパンになります。Tracing API内でスパンコンテキストがどう管理されるかは、5章で詳述したBaggage APIでの取り扱いと同じです。どちらも基礎となるContextAPIを使用して、同じコンテキストに異なるキーで識別して格納した値を使用します。

スパンを終了しても、それが実行されているスコープが自動的に閉じられたり、現在のコンテキストが切り離されたりすることはありません。スパンのライフサイクルは、それが動作するスコープやコンテキストから独立しています。たとえば、スパンは終了しても、現在のコンテキストではアクティブなスパンのままである場合があります。逆に、スコープを閉じてもスパンは終了しないため、メモリリークを避けるために、常にend()メソッドが呼び出されるようにすることが重要です。

前述のように、スパンはデフォルトでINTERNALスパンとして作成されます。SpanKindはスパン作成後には変更できませんが、作成時に指定できます。

```
Span span = tracer.spanBuilder("/api/v1")
.setSpanKind(SpanKind.SERVER)
```

```
.startSpan();
```

スパン作成時にのみ設定できるもう1つのプロパティは、スパンの**リンク**のリストです。リンクは、因果関係はないけれど何らかの形で関連するような、2つ以上のスパン（異なるトレースの可能性もある）を論理的に接続させるときに便利です。たとえば、非同期タスクを開始してもそのタスクの結果が現在の操作に影響を与えない場合、そのタスクを別のトレースに分離し、タスクを記述するスパンを元の操作にリンクできます。新しいトレースを開始するスパンを作成し、因果関係がない形で現在のスパンにリンクするには、次のようにします。

```
Span span = tracer.spanBuilder("linkedSpan")
.setNoParent()
.addLink(Span.current().getSpanContext(),
    Attributes.builder().put("submitter", "mainMethod").build())
.startSpan();
```

addLink()メソッドは複数回呼び出すことができ、作成したスパンに複数のリンクを持たせられます。属性の有無にかかわらず呼び出すことはできますが、リンクしたスパンの関係を説明するために属性を追加することが推奨されます。

Tracing APIを使ってスパンを作成する必要が常にあるわけではなく、特にシンプルなユースケースでは必ずしも必要ではありません。言語によってはヘルパーの仕組みを提供しており、たとえば、Pythonの@tracer.start_as_current_spanデコレーターや、Javaの@WithSpanアノテーションがあります。後者はopentelemetry-instrumentation-annotations Mavenアーティファクトの一部として提供されています。これらは、アノテーションされたメソッドをスパンにラップし、オプションで名前、属性、スパン種別を引数として受け入れます。Javaアノテーションに関する詳細は、https://opentelemetry.io/docs/instrumentation/java/automatic/annotations[†2]で確認できます。

6.2.3　既存のスパンにプロパティを追加する

特に計装パッケージが設定されている場合には、新しいスパンを作成することは常に必要なわけではなく、推奨されるわけでもありません。ほとんどの場合、既存のス

---

†2　翻訳注: 現在は次のURLにリダイレクトされます。https://opentelemetry.io/docs/zero-code/java/agent/annotations/

パンに属性やイベントを追加することが、ドメイン固有のユースケースを考慮するために必要な計装のすべてです。4章の自動計装の例で示したように、POSTリクエストをhttp://localhost:8080/peopleエンドポイントに送信して名前と役職名を持つ新しいユーザー名を追加する場合に、役職名をスパンの注釈として追加したくなるかもしれません。そのためには、そのリソースを提供するメソッド内で現在のスパンを取得し、メソッドのパラメーターで渡された役職名を、スパンの**属性**として追加できます。

```
@POST
@UnitOfWork
public Person createPerson(@Valid Person person) {
  Span span = Span.current();
  span.setAttribute("job.title", person.getJobTitle());
  return peopleDAO.create(person);
}
```

図6-2では、4章で詳述した変更を含むdropwizard-example-2.1.1.jarファイルを再ビルドし、OpenTelemetry Javaエージェントを使用してアプリケーションを実行し、同じPOSTリクエストを/peopleエンドポイントに送信した後のJaeger UIでのトレースを示しています。PeopleResourceのcreatePersonスパンには、job.title属性が注釈として追加されています。

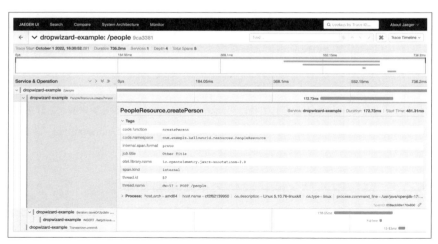

図6-2：dropwizard-exampleのスパンに 役職名job.title を注釈として追加

setAttribute()を呼び出すと、同じキーに対してすでに存在する属性が上書きされ

ます。Javaでは setAllAttributes() メソッドを使用して、同時に複数の属性を設定することも可能です。

属性だけではなく、操作中に個々のマーカーを追跡したいけれど、完全なスパンまでは必要ない場合もあります。これは、単独ではそれほど意味のない副次的な操作の場合に、いつ、もしくは、それが発生したかどうかを知ることで、スパンの一部として提供されるデバッグコンテキストを強化できます。このユースケースをサポートするために、スパンは次のようにイベントのリストで装飾できます。

```
span.addEvent("何かが起こった");
span.addEvent("ついさっき、何かが起こった",
Instant.ofEpochMilli(1664640662000L));
span.addEvent("何か別のことが起こった",
Attributes.builder().put("eventKey", 42).build());
```

イベントは名前とタイムスタンプ、オプションの属性セットで構成されます。デフォルトでは、イベントがスパンに追加された時点でのタイムスタンプが設定されますが、必要に応じてタイムスタンプを指定できます。

スパンに与える名前は、ほとんどの場面では作成時に与えられたもので十分です。しかし、より意味のある名前を構築するために、後の段階でスパン名を調整したくなるケースもあります。たとえば、SERVERスパンの場合がそうであり、OpenTelemetryのセマンティック規約では、スパン名における無制限のカーディナリティの使用を推奨していません。HTTPサーバーの計装ライブラリは /api/people/12 のようなURLに対してHTTP GETと呼ばれるスパンを作成するかもしれません。URLを使用すると、各人のIDごとに異なるスパン名になってしまいます。後で、コントローラーやミドルウェアの計装ライブラリが、そのレイヤー内で利用可能な情報を使用して、スパン名を /api/people/{person_id} のように更新できます。これにより、操作をより適切に表現しながら、カーディナリティを抑えられます。

```
span.updateName("/api/people/{person_id}");
```

スパン名に基づくサンプリング動作は、スパン名の更新によって影響を受ける可能性があります。サンプラーはスパン作成時に与えられた名前のみを考慮しているかもしれません。

6.2.4　エラーと例外を表現する

　スパンは、操作の結果を表現する標準的な方法を提供します。デフォルトから変更されない限り、スパンのステータスコードはUNSETです。これは、スパンがキャプチャした操作が通常通りに完了したことを意味します。

　エラーの状況を表現するには、スパンのステータスコードをERRORに変更し、オプションでエラーの説明を追加できます。たとえば次のようになります。

```
@WithSpan
void myMethod() {
    try {
        // いくつかの作業
    } catch (Exception e) {
        Span.current().setStatus(StatusCode.ERROR,
                            "エラーが発生しました");
    }
}
```

　例外名やメッセージを説明として追加することもできますが、Tracing APIは例外を扱うためのrecordException()メソッドを提供しています。

```
@WithSpan
void myMethod() {
    try {
        // いくつかの作業
    } catch (Exception e) {
        Span.current().setStatus(StatusCode.ERROR,
                            "エラーが発生しました");
        Span.current().recordException(e);
    }
}
```

　これにより、OpenTelemetryのセマンティック規約に従って簡略化され、標準化された例外の表現になります。このメソッドは、exceptionという名前の新しいイベントをスパンに作成し、exception.type、exception.message、exception.stacktraceという名前の属性を、パラメーターとして渡されたThrowableオブジェクトから取得します。さらに、このメソッドは追加の属性を受け取って、その例外イベントに追加できます。

　第3のステータスコードとしてOKがあり、これは特別な意味を持ちます。一般的に、計装ライブラリや手動で作成したスパンは、エラーが発生しない場合はステータスを

6.2 Tracing API | **103**

UNSETのままにするべきです。しかし、アプリケーション所有者が他のライブラリが設定したスパンのステータスを上書きしたい場合や、特定のケースを成功として扱いたい場合があります。たとえば、HTTPクライアントライブラリの計装は、404ステータスコードが返された場合にスパンのステータスをERRORに設定するかもしれませんが、アプリケーション所有者は404が返されることを期待しているかもしれません。その場合、スパンのステータスをOKに変更できます。

```
span.setStatus(StatusCode.OK);
```

6.2.5 非同期タスクのトレース

親スパンと子スパンの関係は、因果関係と依存関係であるべきです。親スパンで記述した操作が子スパンで記述した操作を引き起こし、親スパンはその結果にある程度依存します。これは非同期コード実行を考えるときに特に重要です。5章で見たように、暗黙的にコンテキストを扱う言語において、Context APIはコンテキストを実行単位の間、つまりスレッドの間で伝搬させる機能を提供します。次の簡単な例を考えてみましょう。mainOp() メソッドがslumber()[3]メソッドを非同期に呼び出し、その応答を待ってどのくらいの時間眠っていたかを記録します。

```java
void mainOp() throws Exception {
    Span span = tracer.spanBuilder("mainOp").startSpan();
    try(Scope ignored = span.makeCurrent()) {
        // slumberの応答を待つ
        long millis = CompletableFuture
            .supplyAsync(Context.current()
            .wrapSupplier(() -> slumber()))
            .get();
        LOGGER.info("目覚めるまでに {} ms かかりました", millis);
    } finally {
        span.end();
    }
}

long slumber() {
    // 100から1000の間のランダムな数字を生成
    long millis = (long) (Math.random() * (1000 - 100) + 100);
    Span span = tracer.spanBuilder("slumber").startSpan();
    try(Scope ignored = span.makeCurrent()) {
```

---

[3] 翻訳注：slumberとは睡眠の意味ですが、「まどろみ」のような浅い眠りも含むのが、sleepとは若干ニュアンスが異なるところのようです。

```
      Thread.sleep(millis);
    } catch (InterruptedException e) {
      span.setStatus(StatusCode.ERROR,
                    "まどろみから覚めた");
    } finally {
      span.end();
    }
    return millis;
}
```

　Context APIのwrapSupplier()機能を使うと、トレースコンテキストを伝搬し、図6-3（mainOpの親として/api/v1/mainという名前のSERVERスパンが追加されている）のように、両方のスパンが同じトレースの一部を形成しています。タスクは非同期に実行されますが、メインメソッドはサブ操作の完了に依存しているため、同じトレースの下で正しく表現されています。

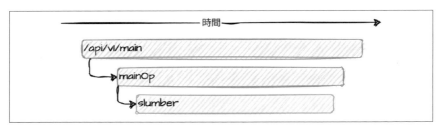

図6-3：スレッド間でスパンコンテキストを伝搬

　先の例を簡略化すると、Javaエージェントを使用している場合にはエグゼキューター計装に依存することになり、ForkJoinPoolエグゼキューターに送信されたタスクは自動的に伝搬されます（デフォルトで有効）。また、依存パッケージにopentelemetry-instrumentation-annotationsを含めることで、アノテーションを使用することもできます。これらで計装を整えると、同じ動作をするコードはこのようになります。

```
@WithSpan("mainOp")
void mainOp() throws Exception {
    // slumberの応答を待つ
    long millis = CompletableFuture
        .supplyAsync(()-> slumber())
        .get();
    LOGGER.info("目覚めるまでに {} ms かかりました", millis);
}
```

```
@WithSpan("slumber")
long slumber() {
    // 100から1000の間のランダムな数字を生成
    long millis = (long) (Math.random() * (1000 - 100) + 100);
    try {
        Thread.sleep(millis);
    } catch (InterruptedException e) {
        Span.current().setStatus(StatusCode.ERROR,
                                 "まどろみから覚めた");
    }
    return millis;
}
```

アプリケーション所有者としては、slumber()メソッドの応答を待つ必要がなくなったと判断し、CompletableFutureでget()を呼び出す際にスレッドのブロックを回避し、runAsync()を使用したファイア・アンド・フォーゲット[†4]の非同期タスク実行に変換できます。これによりmainOpスパンとslumberスパンの依存関係が解消され、親スパンは子スパンの終了を待たずに終了できるようになります。図6-4ではこの変更がトレースに与える影響を示しており、子スパンが開始する前に親スパンが終了する可能性があること、ファイア・アンド・フォーゲットの操作を2つのトレースに分割することでより良い表現が得られるかもしれないことがわかります。

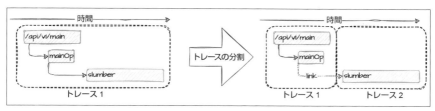

図6-4：ファイア・アンド・フォーゲットなタスクのためのトレースの分割

すべてのスパンが同じトレースに含まれることは一見問題ないように思えますが、最終的にはトレースが操作間の依存関係を正確に表現しなくなります。公開APIを考えると、通常はクライアントが体験するふるまいを表現することに関心があります。たとえば、slumber()メソッドが完了するまでに親スパンよりも桁違いに長い時間がかかる可

[†4] 翻訳注：ファイア・アンド・フォーゲット（fire-and-forget）とは、プロセスが処理を開始した後に、その処理の完了を待たずに終了する方法のことで、もともとはミサイルの発射・誘導方式に関する軍事用語（https://w.wiki/AJ$x）だそうです。

能性や、失敗する可能性があるにもかかわらず、クライアントへの応答には影響しません。システムの動作を理解するためにルートスパンでトレースを分析する場面では、/api/v1/mainで始まるトレースを誤って解釈してしまう可能性があります。これはトレースをサンプリングする場合には特に重要です。一般的なサンプリング手法では、トレース全体を考慮し、エラーを含むトレースや特定のしきい値を超えて完了するトレースを残します。slumberをトレースの一部として保持することで、サンプリング結果に影響を与え、slumber()メソッドが完了するのに長い時間がかかったトレースが残されてしまいます。こうなると、サービス所有者が関心を持つはずの、クライアントが遅い応答を受け取ったトレースが残されなくなります。

ファイア・アンド・フォーゲットの操作で生成した非同期タスクを子スパンとして表現すると、特定の種類のトレースサンプリングを使用する場合には望ましくないことがあります。

この問題を解決するためには、図6-4で示すように、トレースを2つに分割してslumberをルートスパンとする新しいトレースを作成し、スパンリンクを介してmainOpスパンにリンクする方法があります。

```java
@WithSpan("mainOp")
void mainOp() {
  // slumberの応答を待たない（ファイア・アンド・フォーゲット）
  CompletableFuture.runAsync(() -> slumber());
}

long slumber() {
  // 100から1000の間のランダムな数字を生成
  long millis = (long) (Math.random() * (1000 - 100) + 100);
  Span span = tracer.spanBuilder("slumber")
    .setNoParent()
    .addLink(Span.current().getSpanContext())
    .startSpan();
  try(Scope ignored = span.makeCurrent()) {
    Thread.sleep(millis);
  } catch (InterruptedException e) {
    span.setStatus(StatusCode.ERROR,
                   "まどろみから覚めた");
  } finally {
    span.end();
  }
  return millis;
```

}

OpenTracingのユーザーは、スパン間のリンクとして表現されるこのタイプの関係性を、FOLLOWS_FROMリファレンスに相当するものとして認識するかもしれません。

6.3 Tracing SDK

前節で、TracerProvider、Tracer、およびSpanが、SDKが設定されていない場合に、Tracing APIはno-op動作を提供するような限定した機能を持つことについて述べました。APIの標準実装として、Tracing SDKはスパンをメモリ内で表現し、それらを処理し、トレースバックエンドにエクスポートするために、これらのインターフェイスを実装しています。

OpenTelemetry SDK内のTracerProvider実装は、トレーサーインスタンスを提供することに加えて、すべてのスパン処理の設定を含んでいます。これには以下が含まれます。

- **スパンプロセッサー**：エクスポーターを含む、スパンが開始または終了する際に呼び出されるフックのリスト。デフォルトではプロセッサーは定義されていません
- **IDジェネレーター**：スパンとトレースIDを生成する方法を定義します。デフォルトでは、ランダムな16バイトのトレースIDと8バイトのスパンIDが返されます
- **スパン制限**：スパンの属性、イベント、リンク、属性の長さに一定の制限を設けることで、不具合のある計装が利用可能なメモリを使い果たさないようにします。属性、イベント、リンクの数にはデフォルトの制限がありますが、属性の長さはデフォルトでは制限されていません
- **サンプラー**：スパンがサンプリングされるべきかどうかを決定する方法。10章で、OpenTelemetry CollectorでのサンプリングやJavaエージェントの設定方法とともに、サンプラーについて詳しく説明します。デフォルトの動作では、親スパンと同じ決定を行う複合サンプラーを使用します。親がない場合、作成したスパンをすべてサンプリングします
- **リソース**：処理されたスパンに関連付けられるリソースを設定します。プログラムでリソースを設定する方法やシステムプロパティを介して設定する方法は、4章で詳述しています

opentelemetry-api および opentelemetry-sdk Maven アーティファクトを依存関係として設定している状況では、新しい TracerProvider を作成して、それを使って新しい OpenTelemetry インスタンスを作成するには、次のようにします。

```
// これらはデフォルト値で、build() を直接呼び出すのと同等
SdkTracerProvider tracerProvider = SdkTracerProvider.builder()
    .setIdGenerator(IdGenerator.random())
    .setSampler(Sampler.parentBased(Sampler.alwaysOn()))
    .setSpanLimits(SpanLimits.getDefault())
    .setResource(Resource.getDefault())
    .build();

OpenTelemetry openTelemetry = OpenTelemetrySdk.builder()
    .setTracerProvider(tracerProvider)
    .setPropagators(ContextPropagators.create(
        W3CTraceContextPropagator.getInstance()))
    .buildAndRegisterGlobal();
```

このトレース設定ではスパンが生成されますが、プロセッサーが設定されていないため、スパンは終了時、即座に破棄されます。次節では、スパンをバッチ処理してエクスポートするプロセッサーを追加する方法と、Java エージェントを使用する場合のデフォルトプロセッサーの設定方法について説明します。

Java エージェントを使用する場合、スパンの制限は次のプロパティで制御できます。

- otel.span.attribute.value.length.limit
- otel.span.attribute.count.limit
- otel.span.event.count.limit
- otel.span.link.count.limit

これらのプロパティは、特に設定されていない場合、デフォルトですべて128に設定されます。また、すべてのシグナルに対して属性の長さと属性の数を制限する方法もあり、これは特定の otel.span.attribute の値が使用されていない場合に使用されます。

- otel.attribute.value.length.limit
- otel.attribute.count.limit

設定およびトレーサーの作成に加えて、TracerProvider はメモリ内のスパンをクリーンアップするためのメソッドも提供します。

- shutdown()：このプロバイダーが作成したすべてのトレーサーを停止し、新しく

作成されたスパンをno-opスパンとして返すようにして、登録されたすべてのプロセッサーのshutdown()メソッドを呼び出して新しいスパンの受け入れを停止し、メモリ内のスパンをフラッシュします。

- forceFlush()：すべての登録されたプロセッサーのforceFlush()メソッドを呼び出して、メモリ内のすべてのスパンを直ちにエクスポートします。

6.3.1 スパンプロセッサーとエクスポーター

TracerProviderは通常、スパンが開始または終了したときに呼び出される1つ以上のプロセッサーで構成されます（サンプリングについて詳述する際に登場するisRecordingプロパティがfalseに設定されている場合を除く）。これらのプロセッサーはSpanProcessorインターフェイスを実装し、onStart()、onEnd()、shutdown()、forceFlush()メソッドの実装を提供します。

スパンプロセッサーの責務は、メモリ内のスパンをバッチ処理したり属性を変更したりすることであり、さらにオプションとして、それらをテレメトリーバックエンドにエクスポートもします。

OpenTelemetry SDKは、2つの組み込みスパンプロセッサーを提供しています。

- SimpleSpanProcessor：スパンが終了するとすぐに、設定したexporterにスパンを渡します
- BatchSpanProcessor：スパンをバッチにグループ化してから、設定したexporterを呼び出します

4章ではスパンプロセッサーを使用して、特定の条件下でスパンのエラーステータスを変更する例を示しましたが、カスタムプロセッサーを実装して、Javaエージェントの拡張として追加したり、トレーサープロバイダーを作成するときに設定することもできます。Javaエージェントは、いくつかのデフォルトプロパティと、gRPC版のOTLPを使ってスパンをバックエンドに送信するエクスポーターを持つBatchSpanProcessorを設定します。opentelemetry-exporter-otlp Maven依存をビルドファイルに含めている場合、プログラム内でも同様に実現できます（すでにresourceが作成されているものとします）。

```
SdkTracerProvider tracerProvider = SdkTracerProvider.builder()
.addSpanProcessor(BatchSpanProcessor
 .builder(OtlpGrpcSpanExporter.builder().build())
```

```
    .build())
.setResource(resource)
.build();
```

プロセッサービルダーはエクスポーターをパラメーターとして受け入れ、すべての実装で利用可能な、バッチ処理とバッファリングを制御する一連のプロパティを設定できます。Javaエージェントを使用する場合、これらのプロパティはシステムプロパティ（またはそれと同等の環境変数）を介しても設定できます。

- otel.bsp.schedule.delay：プロセッサーがバッチをエクスポートする前に待機する最大時間（ミリ秒）。キュー内のスパン数が最大バッチサイズを超える場合、プロセッサーはバッチを早めにエクスポートすることがあります
- otel.bsp.max.queue.size：エクスポートするスパンのキューの最大サイズ。キューがいっぱいになると、プロセッサーはスパンをドロップし始めます
- otel.bsp.max.export.batch.size：エクスポーターに送信されるバッチあたりのスパンの最大数。エクスポートキューにこのサイズの1バッチを満たすのに十分なスパンがある場合、エクスポートがトリガーされます
- otel.bsp.export.timeout：エクスポーターを呼び出してから、エクスポートをキャンセルする前に結果を待つ最大時間

JavaのBatchSpanProcessor実装は、プロセッサー内でMetrics APIを使用して一連のメトリクスを生成し、アプリケーション所有者がこれらの設定を最適化できるように監視できます。これらは、特定の時点におけるキューのサイズを測定するゲージ型のqueueSizeと、処理されたスパンの数を測定するカウンター型のprocessedSpansがあります。後者は、スパンがドロップされたかどうかを示すboolean属性であるdroppedで分割されます。dropped: trueを持つprocessedSpansのカウント値が0より大きい場合、それはつまり、プロセッサーが現在のスループットではスパンを十分に速くエクスポートできていないことを意味します。

OpenTelemetry SDKは、デフォルトではBatchSpanProcessorに対して比較的短いキューを使用して、オーバーヘッドを最小限に抑えます。高スループットなシステムでは、キューサイズを増やしたり、バッチサイズなどの、バッチやエクスポートに関するオプションを調整する必要があるかもしれません。

OpenTelemetry Javaエージェントや、他の多くの実装でデフォルトで使用されるエクスポーターは`OtlpGrpcSpanExporter`です。他のエクスポーターは、`opentelemetry-exporter-jaeger`や`opentelemetry-exporter-zipkin`のようなコアライブラリの一部として管理されており、それぞれ異なる設定オプションを持っています。

Javaエージェントが`BatchSpanProcessor`とともに使用するエクスポーターは、`otel.traces.exporter`プロパティを使って設定できます（`otel.traces.exporter=jaeger`など）。エクスポーターの設定には、エンドポイント、証明書、タイムアウト、ヘッダーなどを制御するオプションを含む、広範な設定があります。詳細はhttps://opentelemetry.io/docs/instrumentation/java/automatic/agent-configに記載されています。

アプリケーション所有者は、最終的に自分のニーズにもっとも適したエクスポーターを自由に選択できますが、OTLPエクスポーターを使用することには一定の利点があります。OTLPを介したOpenTelemetry Collectorとの通信はもっとも広く使用されているため、もっともサポートされているパスです。多くのオブザーバビリティベンダーもOTLPをネイティブに受け入れることができ、選択を容易にします。さらに、OTLPはバックプレッシャーやリトライのような仕組みをサポートしており、エクスポートの信頼性を高めています。JavaのOTLPエクスポーターは、1秒から5秒までの指数バックオフ[†5]を使用して、エクスポートを最大5回までリトライするように設定されています。

6.4　トレースコンテキストの伝搬

`span.makeCurrent()`を呼び出して現在のコンテキストでスパンをアクティブとしてマークしたり、明示的にContext APIを使用したりすると、そのSpanContextは他のコンテキスト値と同様に保存されます。このSpanContextは、W3C TraceContext標準に準拠したデータ構造で表されます。それには以下が含まれます。

- **トレースID**：16バイトのトレース識別子
- **スパンID**：8バイトのスパン識別子
- **トレースフラグ**：トレースの詳細を示すフラグのセット。現在定義されているフラ

[†5]　翻訳注：指数バックオフとは、ネットワークアプリケーションのエラー処理アルゴリズムの1つで、決められた数のリトライのたびに待機時間を2（または任意の基数）のn乗で伸ばしていくような処理のこと。

グはsampledのみで、トレースが保存されるべきかどうかを示します

● **トレースステート**：ベンダー固有の情報を含むキーと値のペアのリスト。たとえば、確率ベースのサンプリングに関連するr値とp値はhttps://opentelemetry.io/docs/reference/specification/trace/tracestate-probability-samplingに記載されており、これについては10章で詳しく説明します

他のコンテキスト値と同様に、サービス間でSpanContextを伝搬するためにはPropagators APIを使用しなければならず、通常はHTTPヘッダーとして伝搬して、トレースが継続できるようにします。5章で見たように、OpenTelemetry APIはW3C BaggageとW3C TraceContextのTextMapPropagator実装を提供しています。拡張パッケージでは、B3、Jaeger、OTなど他の一般的に使われているフォーマット向けのプロパゲーターのセットも利用できます。トレースプロパゲーターを含むプロパゲーターは、Javaエージェントのotel.propagatorsプロパティを介すか、もしくはプログラム内で設定する適切なビルダーを使って設定できます。

6.4.1　W3C TraceContext

OpenTelemetryの主なゴールの1つは相互運用性です。過去のソリューション、たとえばOpenTracingでは、トレースコンテキストの伝搬が大規模な組織や、ベンダー間やトレーサー実装間の移行を行うシステムにとって問題点となっていました。トレーサーは通常、1つのプロパゲーターしか許可せず、それはしばしばトレースフレームワークに結びつけられていました（たとえばuber-*ヘッダーを使用するトレーサーはot-*ヘッダーで伝搬されたコンテキストを注入したり抽出したりできませんでした）。これにより、トレースが壊れたり、孤立したスパンが発生したりしました。この問題に対処するため、Propagators APIが複数のプロパゲーターを通じてコンテキストを伝搬する方法を提供するだけでなく、OpenTelemetryプロジェクトはトレースコンテキスト伝搬のためのHTTPヘッダーフォーマットを標準化する提案をW3Cに提出しました。現在、このフォーマットはW3Cの推奨事項としてhttps://www.w3.org/TR/trace-contextで利用可能となっています。このフォーマットは現在、多くのベンダーとオープンソースツールによって、デフォルトのトレースコンテキスト伝搬フォーマットとして採用されています。これにより、ベンダー固有のエージェントがOpenTelemetry計装サービスとシームレスにトレースへ参加できるシナリオが実現しました。

W3C仕様は、HTTPリクエストヘッダーを介したトレースコンテキストの伝搬に関連

6.4 トレースコンテキストの伝搬 | **113**

するヘッダーフォーマット、プロパゲーターの処理モデル、ID生成、プライバシーおよびセキュリティの考慮事項を含めて、すべての側面を詳細に記述しています。概要として、W3C TraceContextの一部であるリクエストヘッダーは次の通りです。

- traceparent：これはトレース内の最後のアクティブなスパンを記述し、そのスパンはリクエストから抽出されたコンテキストでの現在のスパンとなり、その結果、同じアクティブなコンテキストで作成したすべてのスパンの親となります。必須ではありませんが、通常、親スパンはCLIENTスパンであり、子スパンはSERVERスパンです。このヘッダーの値はversion-traceId-parentId-traceFlagsフォーマットに従い、バージョンは現在のTraceContext仕様のバージョン（現在は00）を表す1バイトの8ビット符号なし整数、traceIdとparentIdはそれぞれ16バイトと8バイトの非ゼロの一意識別子、traceFlagsは8ビットのフィールドで、現在はsampledフラグを表す右端のビットのみが使われています。すべての値は小文字の16進数エンコードです。
- tracestate：伝搬されるトレースに関連するベンダー固有の情報を表すヘッダーで、W3C Baggageの表現と似たフォーマットを使って、キーと値のペアのリストとしてエンコードされます。ベンダーは、自分で生成しなかったキーを削除したり更新したりすべきではなく、新しいキーや更新したキーを、常にヘッダー値の左側に追加する必要があります。

以下は、トレースコンテキストを伝搬する有効なヘッダーの例です。

```
traceparent: 00-8909f23beb409e44011074c591d7350e-d5d7d3b3a7d196ac-01
tracestate: vendor1=foo,vendor2=bar
```

図6-5は、このようなトレースコンテキストがサービスを通じてどのように伝搬するかを示しています。この図では、サービスAがトレースのサンプリング決定を行い、トレースを保持することを選択した場合に、そのサンプリングの決定と新しい親スパンIDをサービスBに伝搬する様子が示されています。また、サービスAはvendor2を使用しており、W3C TraceContext仕様に従ってtracestateの値を更新し、vendor2のキーをリストの先頭にシフトしています。

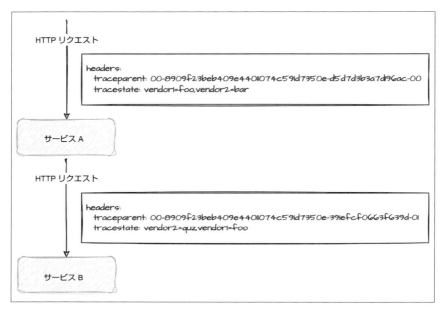

図6-5：W3C TraceContextがサービスを通じて伝搬する様子

6.5 まとめ

　トレースは、分散システムから生成されるコンテキスト化されたテレメトリーに構造を与えます。これにより、エンジニアは異なるサービスで実行された同じ起源を持つトランザクションの一部である操作間の関係から派生した情報を収集できます。これは話の長くなるトピックで、トレースサンプリングなど、さらに詳細にカバーすべき内容が確実にあります。トレースサンプリングについては、10章で詳しく見ていきましょう。本章では、トレースの目的を理解するためのもっとも重要な概念や、カスタムワークフローを表現するためにサービスを手動計装する方法、さらにOpenTelemetry SDKを設定してトレースコンテキストを処理および伝搬する方法について説明しました。

　強力であるとはいえ、トレースがテレメトリーの唯一の解決策ではありません。異なるシグナルには異なる制約や要件があり、それぞれが特定のユースケースに最適なものです。次章では、Metrics APIとSDKを探り、サービス所有者がOpenTelemetryを使用して、適切な目的に適切なシグナルを利用できるようにする方法を見ていきます。

また、同じ基盤となるコンテキストのメカニズムを使用して、シグナル間およびサービス間でテレメトリーをリンクする方法についても考察します。

7章
メトリクス

　運用監視の基本的な要件の1つは、サービスやリソースの状態を時間経過とともに追跡できることです。重要業績評価指標（KPI）を効果的に監視するには、リアルタイムと履歴の両方を可視化して特定の対象やしきい値に対して状態を評価できる、安定したシグナルが必要です。これがメトリクスを使う目的です。

　メトリクスはもっとも広く知られたテレメトリーシグナルの1つです。ソフトウェアシステムで何十年にもわたり使用されてきましたが、マイクロサービスアーキテクチャや、大規模デプロイ環境でのメトリクスバックエンドは、データの取り込み量が増え続ける中で対応が難しくなり、結果としてコストの増加やユーザー体験の低下が生じることもあります。

　OpenTelemetryでは、サービス所有者が目的の計装に適したシグナル（スパン、メトリクス、ログなど）を選択し、エクスポートするメトリクスに適切な集約レベルを指定するためのツールが提供されます。共通のコンテキスト伝搬システムとセマンティック規約を用いることで、メトリクスは単独のイベントとして評価されるのではなく、統合されたオブザーバビリティソリューションの一部として機能するようになります。

　本章では、OpenTelemetry Metrics APIの設計原則、各種メトリクス型、メトリクスを他のシグナルと結びつけるコンテキストの役割、Metrics SDKの設定方法、そしてテレメトリーバックエンドにデータを集約・エクスポートする方法を探ります。

7.1　測定、メトリクス、時系列

　メトリクスというものを考えるとき、通常は時刻順に並んだ一連の値をプロットしたグラフが最初に思い浮かびます。これらの各値は、単一のデータポイントに基づく場合

もあれば、時間間隔やディメンションにわたって集約されたデータかもしれません。た
とえば、ホスト群に対して、各ホストが1分ごとにメモリ使用率を測定してデータポイ
ントを生成する場合、単一のホストのデータをプロットしたり、すべてのホストの平均
値をプロットしたくなるかもしれません。このようにプロットするために、各データポ
イントには通常、ホスト名、IPアドレス、地域など一連の属性が付加されます。名前、
属性、属性値のユニークな組み合わせで構成され、時刻順に並んだデータポイントの
連続によって**時系列**が定義されます。

　時系列だけでは、そのデータの意味や連続するポイント間の関係を定義するのに不
十分な場合があります。たとえば、異なる時点（t_0からt_2）における、3つのデータポイ
ントを持つ時系列を考えてみてください。

```
t0 -> 5
t1 -> 8
t2 -> 12
```

　これが測定しているのは、店を訪れた顧客の総数のような単調に増加する合計なの
か、それとも、冷蔵庫の温度のような独立した測定値（すなわち、ゲージ）なのか、ど
のように知ることができるでしょうか？　答えはわかりません。これは重要です。すべて
の店舗の顧客数を合計するのは理にかなっていますが、すべての冷蔵庫の温度を合計
するのはあまり意味がありません。

　セマンティクスの問題を回避するために、ほとんどのメトリクスバックエンドはデー
タがクエリーされるまでその決定を延期しますが、Prometheusなどの一部のバックエ
ンドでは、保存されたデータの種類を示す接尾辞を使用する命名規則を提案して、ユー
ザーが判断しやすくしています（詳細はhttps://prometheus.io/docs/practices/naming
を参照）。最終的には、適切なクエリー関数を使ってデータに意味を持たせるのはユー
ザーの責任です。いずれにせよ、特定の時系列グループの基盤となるセマンティクス
は共通でなければなりません。そうでなければ、結果に不整合が生じます（たとえば、
顧客数と温度の合計を一緒に取得するのは無意味です）。同じ性質を持つ時系列のグ
ループの概念は通常、**メトリクス**と呼ばれ、通常は名前で識別されますが、説明や測
定単位などのための、共通のプロパティを持つこともあります。一部のバックエンドで

7.1 測定、メトリクス、時系列 | **119**

は、保存やクエリーを容易にするために、集約タイプ（合計やゲージ[†1]など）をメトリクス定義の一部として必要とします。また、本章で後ほど説明するように、通常はすべてのデータポイントで考慮される時間間隔について、何らかの期待値があります。これらはメトリクスに固有の性質でもあります。

　直前の段落を注意深く読むと、メトリクスクライアントにおける主要な課題の1つが見えてきます。それは、集約処理がバックエンドの表現形式に依存してしまうことです。メトリクスは、定期的な間隔で集約されたデータポイントを生成するため、安定したシグナルとみなされます。たとえば、1分間に100,000件のリクエストを受信するサービスがあり、その応答時間を監視したいとします。すべてのリクエストの持続時間をエクスポートすると、アウトオブバンドなテレメトリーデータ（つまり、サービスリクエストやレスポンスとは別に転送されるデータ）の量がインバンドなデータよりも大きくなり、ストレージコストが高く、クエリー速度が遅くなり、イベントが失われたり遅延したりする可能性があります。サービスの健全性を監視するためには、すべてのリクエストのタイミングに関心があるわけではなく、サービスレプリカごとに応答時間の集約（最小、最大、平均、合計など）を毎分計算することで、サービスレベルやレプリカレベルでクエリーできます。メトリクスのバックエンドはそれぞれ特定の形式で集約されることを期待しており、メトリクスのクライアントは通常、特定のバックエンド用に構築され、結果として計装が特定のフレームワークにロックされ、前章で議論したような困難な状況が生じます。

　OpenTelemetryは、テレメトリーバックエンド間の相互運用性を提供するという使命の一環として、「測定」と「測定値の集約」の責務を分離することで、この課題に対処します。**測定値**とは、特定の概念（リクエストの持続時間など）に対する単一の観測結果と一連の属性を表します。これらの測定は、メトリクス定義に従って集約され、選択したテレメトリーバックエンドに定期的にエクスポートされます。測定、集約、ビュー、エクスポーターといった概念は、OpenCensusユーザーにはおなじみかもしれません。OpenTelemetry仕様は、現在はOpenTelemetryによって置き換えられたこのプロジェクトから多大な影響を受けています。

　図7-1は、OpenTelemetry Metrics APIとSDKを使用した場合のメトリクス収集デー

---

†1　翻訳注：ここではゲージを集約の一つとしていますが、本来はゲージは集約（つまり、カウントや合計、平均などの統計処理）の性質はないと言えます。https://opentelemetry.io/docs/specs/otel/metrics/data-model/#gauge も参照してください。

タフローの概要を示しています。各測定はメモリ内で集約され、その後、定期的に1つ以上のバックエンドにメトリクスデータとしてエクスポートされます。

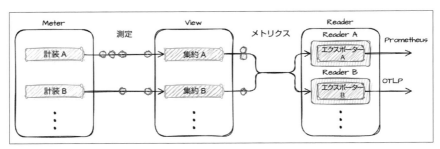

図7-1：一般的な OpenTelemetry メトリクスのデータフロー

　測定は、集約関数と一連の属性に従ってメトリクスデータポイントに集約されます。たとえば、図7-1に示す計装Aが http.server という名前の測定を用いてHTTPリクエストの持続時間を追跡しているとします。この測定は、サーバーを通過する各リクエストに対して http.status_code という単一の属性で報告されます。リクエストの数に関係なく、このメトリクスは各収集間隔ごとに構成された集約（ヒストグラムなど）とともに、ステータスコードごとに1つのデータポイントを報告します（例：ステータスコード200用のデータポイントとステータスコード503用のデータポイント）。

　メトリクスのカーディナリティは、特定のメトリクスに対する一意の属性の組み合わせの数として定義され、これはサービスからエクスポートされるデータポイントの数と直接相関します。これはしばしばメトリクスバックエンドの制限要因となり、通常、運用コストの増加をもたらします。開発者が、前の段落で述べた測定に新しい http.url 属性を追加し、サーバーで処理されたリクエストの生URLを含むように変更した場合を想像してみましょう。URLにランダムな値（セッションIDなど）が含まれている場合、2つのデータポイントを生成する代わりに、各収集間隔で何千ものデータポイント、場合によっては測定ごとに1つのデータポイントを生成する可能性があります。これは一般に、カーディナリティ爆発と呼ばれます。この場合、生成される集約はもはや有意義ではなく、単一の時系列をプロットしても1つのデータポイントしか表示されず（時系列の目的を果たせません）、また、単一のセッションIDに対してアラートを出したいという要件は非常に稀でしょう。このようなメトリクスを活用するためには、通常、クエリーのたびに再集約が必要となります。メトリクスの測定値を生成する際に適切な属性

を使用していれば、収集やクエリーのためのデータ転送コストや計算コストを抑えられたかもしれません。単一リクエストの持続時間を確認することがデバッグに役立つ場合もありますが、他のテレメトリーシグナル、たとえばトランザクションのコンテキストのような付加価値を提供するトレースの方が、より適しています。

> メトリクスの集約は、有意義な時系列を生成する必要があります。属性の一意な組み合わせがチャートの描画やアラートに対して一般的でない場合、詳細すぎるかもしれません。開発者は、ユースケースに適した他のテレメトリーシグナルを検討する必要があります。

7.2 Metrics API

OpenTelemetry Metrics APIは、測定を標準的な方法で報告するための公開インターフェイスを定義します。責務はそこまでであり、それらの測定の処理はSDKの実装に委ねられます。SDKが存在しない場合、Metrics APIはno-op（何もしない）APIとして動作し、計装の作者が測定を提供することに集中でき、アプリケーション所有者が望む集約とエクスポート形式を設定できるようにします。

7.2.1 メーターとメータープロバイダー

Tracing APIのパターンと同様に、Metrics APIは`MeterProvider`インターフェイスを定義します。実際に動作する`Meter`インスタンスは、SDKが実装して提供する必要があります。一般的なプラクティスとして、アプリケーションごとに1つの`MetricProvider`を持ち、新しいグローバル`OpenTelemetry`インスタンスを構築して、それに登録する際に初期化しますが、異なる設定を持つ複数のインスタンスを共存させることも可能です。

メーターは、測定値を報告するために使用する`Instrument`インスタンスを作成する役割を担います。`Meter`インスタンスは、次のパラメーターを使用して`MeterProvider`から取得できます。

- **名前**: メーターの名前。計装されたライブラリの名前やカスタム計装、ライブラリにネイティブに組み込まれた計装の場合はライブラリ名やクラス名、パッケージ名などを指定します。必須パラメーターで、指定されない場合は空の文字列がデフォ

ルトになります

- **バージョン**: 計装のバージョン、または計装されたライブラリのバージョンを示す任意のパラメーター
- **スキーマURL**: このメーターによって生成されるすべてのイベントの schema_url を指定する任意のパラメーター
- **属性**: 生成されるすべてのメトリクスに対する計装スコープに関連付ける、一連の任意の属性

名前、バージョン、スキーマURLの組み合わせは、Meterの**計装スコープ**を一意に識別します。後述する「重複する計装の登録」の項で説明するように、計装スコープはアプリケーションが生成するメトリクスの名前空間を定義します。これには、特定の概念を観測するレベルを定義する必要があります。たとえば、アプリケーションが処理するリクエストの総数を測定する場合、計装スコープによってサーバーライブラリとアプリケーション自体を区別する必要があります。ただし、各パッケージやクラスを個別に検討する場合には、それぞれに異なるスコープを使用できます。

OpenTelemetry仕様では、同じパラメーターを使用してMeterProviderからメーターを取得する際に、同じMeterインスタンスが返されるか、異なるMeterインスタンスが返されるかは規定されていません。この動作は各言語で異なる方法で実装される場合があります。たとえばJavaでは、インスタンスがスレッドセーフな方法でコンポーネントレジストリから返されるため、同じパラメーターでメーターを取得する2つの呼び出しがあれば、同じMeterインスタンスが返されます。

MeterProviderから新しいMeterを取得するには、構成を一元管理しているOpenTelemetryインスタンスを使って、次のようにします。

```
Meter meter = openTelemetry.meterBuilder("my-meter")
  .setInstrumentationVersion("0.1.0")
  .build();
```

また、OpenTelemetryインスタンスを介さずに、スタンドアローンのMeterProviderから直接、メーターを取得することもできます。MeterProviderの作成方法については、「7.3 Metrics SDK」の節で説明します。

7.2.2　計装の登録

メーターの責務はInstrumentインスタンスを作成することで、次のプロパティから

識別できます。

- **名前**: 計装の名前で、集約後のメトリクスの名前（Prometheusのようなエクスポーターは、この名前を命名規則に合わせて変換する場合があります）。名前は最大63文字の、大文字小文字を区別しないASCII文字で構成しなければなりません。名前は英数字で始まり、その後に英数字と「.」「_」「-」を続けることができます
- **種別**: 計装の種類（カウンターや非同期カウンターなど）
- **単位**: 計装の単位（秒など）。最大63文字のASCII文字で構成され、大文字小文字を区別します（たとえば、kbとkBは異なります）
- **説明**: この計装が表現する測定の種類に関する簡単な説明。最大長とエンコーディングは実装に依存しますが、少なくとも1024文字と基本多言語面（BMP）エンコーディング（UTF-8の第1面）をサポートしなければなりません

計装は、これらのフィールドによって一意に識別されます。オプションで、数値型（浮動小数点数や整数など）などの言語レベルの機能を含むことができます。

OpenTelemetry仕様では、同じ計装スコープ（メータープロパティ）内で同じ識別フィールドを持つインスタンスを要求した場合、同じInstrumentインスタンスが返されるか、それとも異なるInstrumentインスタンスが返されるかは規定されていません。たとえば、Javaの実装では、各呼び出しごとに異なるInstrumentインスタンスを返しますが、基礎となるストレージと集約は同じものを共有するため、すべての測定が同じメトリクスデータポイントに収集されます。

重複する計装の登録

同じ名前と計装スコープで複数の異なる計装が登録された場合、SDKは「duplicate instrument registration（重複する計装の登録）」の警告を出力する必要があります。動作する計装が返されますが、この種の競合はセマンティックエラーを含むメトリクスになる可能性があります。

実装は、このような競合を修正しようとする場合があります。たとえば、異なる説明や単位を持つ2つのカウンターが同じ名前で登録された場合、実装は両方のメトリクスを集約し、より長い説明を選択したり、単位を変換（例：MBからKBに）したりすることがあります。ただし、これは必須ではありません。Javaでは、これらは異なるカウンターとして扱われ、集約されず、同じ名前の2つのメトリクスが発行されます。

> セマンティックエラーを避けるために、同じ計装スコープで特定の概念を測定するには、同じ計装プロパティを使用することを確認してください。SDKが出力する重複登録の警告に注意を払ってください。

同じ名前の計装が登録された場合、SDKは警告を出力しますが、異なる計装スコープを持つメーターは別々の名前空間として扱われます。これは、同じ名前で登録された異なる2つのメーターで計装が競合とみなされないことを意味します。たとえば、次の2つの計装を登録しても警告は発生しません。これは、my-meterのversionプロパティが異なるためであり、それぞれ異なるメトリクスの下で独立して集約されます。

```
Instrument={
  InstrumentationScope={name=my-meter, version=1.0.0},
  name=my-counter,
  description=random counter,
  type=LONG_SUM
}

Instrument={
  InstrumentationScope={name=my-meter, version=2.0.0},
  name=my-counter,
  description=random counter,
  type=LONG_SUM
}
```

個々のエクスポーターは、この状況を異なる方法で処理する場合があります。たとえば、OTLPではMetricストリームの概念を中心に構築されており、異なる計装スコープのために別々のストリームがありますが、Prometheusエクスポーターではこれを異なるラベルとして表現します。

```
my_counter_total{otel_scope_name="my-meter", otel_scope_version="1.0.0"}
1707.0 1665253818117

my_counter_total{otel_scope_name="my-meter", otel_scope_version="2.0.0"}
345.0 1665253818117
```

同期および非同期の計装

測定値は、処理したアイテムの数を各リクエストで増加させるようにアプリケーションロジックの一部としてレポートする場合もあれば、CPUの温度のように非同期的に設定したメトリクスリーダーが定期的に収集する場合もあります。

測定値が非同期で報告される場合、Instrumentは各測定値を報告する責務を持つコールバック関数とともに作成されます。言語によって異なりますが、Measurement値のコレクションを返すか、値をレポートするために使用できるパラメーターとして渡されたObservableMeasurementにアクセスできます。いずれの場合も、セマンティックエラーを避けるため、単一の実行で重複する測定値（すなわち、同じ属性を持つ測定値）を報告しない方が良いでしょう。

同期計装はアプリケーションロジックの一部として測定値をレポートするため、Contextに依存する機能を使って他の型のシグナルとリンクできます。一方、非同期計装は非同期的な性質を持つため、Contextは利用できません。

単調性

数学において、単調性（monotonicity）とは、順序付けられた集合内の連続する値の関係を指します。関数が常に前の値以上である場合（すなわち、決して減少しない場合）、その関数は単調増加または非減少とされます。図7-2に示すように、すべてのxとyに対して、x <= yの場合、f(x) <= f(y)となります。

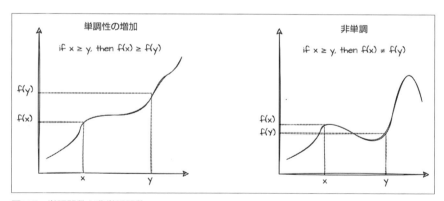

図7-2：単調関数と非単調関数

メトリクスデータにおいて、単調増加の測定値と非単調の測定値は、それぞれ異なる目的のために設計されています。前者は通常、累積を測定するために適しており、後者は特定の瞬間におけるシステムの状態を示します。たとえば、サービスが処理する各リクエストに対してカウンターを増加させる場合、これらの測定値を定期的な間隔で集約することで、各間隔内で処理したリクエストの総数がわかります。対照的に、リク

エストの受け入れ時にカウンターを増加させ、処理完了時にカウンターを減少させる場合、ある瞬間に処理中のリクエスト数は把握できますが、累積のリクエスト数は把握できません。

測定値の単調性とは、報告されたメトリクス値が必ずしも減少しないことを意味しません。「7.3 Metrics SDK」の節で述べるように、単調増加の測定値がエクスポートされるデータポイントは、連続する2つの収集間隔間の差分（デルタ）、すなわち差分テンポラリティとして表現される場合があります。このため、結果として得られるメトリクス値は増加や減少を示すことがあり得ます。

7.2.3　計装型

アプリケーションでメトリクスを計装する際、適切な計装型を選択すると多くの利点があります。OpenTelemetryではカスタム設定が可能ですが、どの計装にもデフォルトの集約方法と、それに意味を持たせるいくつかの固有のプロパティが存在します。これにより、計装の作者がメトリクスに対して意図する処理方法をユーザーに伝えられます。たとえば、作者はリクエスト持続時間のメトリクスを、ヒストグラムやパーセンタイル関数と一緒に使用することを意図しているかもしれませんし、複数の車両速度を単一の値に合計することにはあまり意味がないと考えながら、車両速度メトリクスを計装しているかもしれません。各計装型は、セマンティクスを提供するだけでなく、異なるシナリオで測定値をレポートするためのもっとも効率的かつ正確な方法を提供し、メトリクスをレポートする際のパフォーマンスオーバーヘッドを削減します。

OpenTelemetry APIでは、さまざまなユースケースに対応した計装型を提供し、測定値の報告を効率的かつ適切に行えるよう設計されています。以下の項で、各計装型の詳細を説明します。

読者は以下の例で気づくかもしれませんが、JavaではAttributesクラスがAttributes.builder()やAttributes.of()といったメソッドを提供しており、これらを使って測定の属性を作成できます。測定値は、各属性のユニークな組み合わせに従ってメトリクスデータポイントに集約されます。「7.3 Metrics SDK」の節で詳述するように、メトリクスのViewで属性を削除することは可能ですが、開発者は属性値を作成する際にメトリクスのカーディナリティを考慮する必要があります。

カウンター

カウンター（Counter）は、単調増加する値をレポートするための計装型です。アプリケーションロジック内で使用され、個々の測定値をレポートすることを目的としており、たとえば、販売したチケットの数やサービスが処理したデータの量を報告するために使用されます。カウンターは次のように登録できます。

```
LongCounter counter = meter
  .counterBuilder("tickets.sold")
  .setDescription("販売したチケットの数")
  .build();
```

Javaでは、カウンターのデフォルトの値型はLongです。Double値用のカウンターを取得するには、ofDoubles()メソッドを呼び出すことで、LongCounterの代わりにDoubleCounterを返すようにビルダーに指示できます。

```
DoubleCounter counter = meter
  .counterBuilder("data.processed")
  .setUnit("kB")
  .ofDoubles()
  .build();
```

カウンターは正またはゼロの値でのみ増加させることができます。負の値でカウンターを増加させると警告がログに記録され、測定値は無視されます。カウンターを増加させるには次のようにします（属性なしとあり、両方の例）。

```
counter.add(12);

counter.add(8,
  Attributes.of(stringKey("myKey"), "myValue"));
```

非同期カウンター

この種類の計装は、通常ObservableCounter（または、言語によって異なる名前で呼ばれることもあります）と呼ばれ、非同期で単調増加する値をレポートするために使用されます。通常、ガベージコレクションの回数やプロセスごとのCPU時間など、事前に計算済みの値をレポートするために使用されます。各収集間隔ごとに、定期的に設定されたリーダーやオンデマンドでコールバック関数を呼び出し、測定値を報告します。また、1回のコールバック実行中には、同じ属性を持つ測定値の重複を避けることが推奨されます。重複がある場合、SDKはその測定値を正しく処理しなかったり、完

全にドロップする可能性があります。

Counter.add()と対照的に、各コールバックの実行では差分や増分ではなく、カウンターの総量を報告する必要があります。これにより、前の値との差分を計算して、2つの収集間隔の間における変動を把握できるようになります。事前に計算済みの非単調な測定値を報告する場合は、非同期のゲージやアップダウンカウンターを利用するのが適しています。

Javaでは、個々の測定値を報告するためにObservableMeasurementインスタンスが関数のパラメーターとして渡されます。

```
ObservableLongCounter counter = meter
  .counterBuilder("mycounter")
  .buildWithCallback(measurement -> {
    measurement.record(2, Attributes.of(
      AttributeKey.stringKey("myKey"), "foo"));
    measurement.record(5, Attributes.of(
      AttributeKey.stringKey("myKey"), "bar"));
  });
```

ビルダーにはDouble値を測定できる非同期カウンターを生成するためのofDoubles()メソッドも用意されています。

返されるObservableLongCounterオブジェクトはAutoClosableなオブジェクトです。close()メソッドを呼び出すと、カウンターの登録が解除され、コールバック関数が呼び出されなくなります。他の実装では、非同期カウンターの登録解除に異なる方法が用意されている場合もあります。

ヒストグラム

ヒストグラム（Histgram）は同期計装の一種であり、通常はリクエストの持続時間やペイロードサイズなど、統計的な分布を示す測定値をレポートするために使用されます。これらの測定値は、パーセンタイルやヒストグラム、分布などのクエリー関数をサポートするメトリクス型に集約されます。たとえば、ヒストグラム表現を使用することで、すべてのリクエストタイミングを保存せずに、すべての値のうち95%が含まれる値（つまり、リクエスト持続時間分布の95パーセンタイル）を取得できます。「7.3 Metrics SDK」の節で詳しく説明するように、通常、異なるヒストグラム集約では生成されるデータポイントの数が犠牲になりますが、異なるレベルの精度を提供します。

統計的な使用目的から、JavaではデフォルトでDouble値を測定するヒストグラムが使用されます。

```
DoubleHistogram histogram = meter
  .histogramBuilder("http.client.duration")
  .setUnit("milliseconds")
  .build();
```

前述のカウンターの例と同様に、Long値を測定するヒストグラムを作成するにはビルダーでofLongs()メソッドを呼び出します。ヒストグラム表現は通常、レポートされる値の単調性に依存して正確なデータ表現を提供するため、ヒストグラムの測定値はゼロ以上でなければなりません。測定値は次のように記録できます。

```
histogram.record(121.3);
histogram.record(332.1,
  Attributes.builder().put("myKey", "myValue").build());
```

アップダウンカウンター

アップダウンカウンター（UpDownCounter）は、増加や減少する測定値を追跡する際に使用します。このカウンターは非単調で、特定の期間内の合計値ではなく、メトリクス収集時点での、そのときの値を表します。たとえば、キュー内のアイテム数を測定する場合、アイテムが追加されるとカウンターが増加し、削除されると減少します。メトリクスが収集されると、カウンターは追加や削除の総数ではなく、その時点でのキュー内のアイテム数を示します。

アップダウンカウンターは、測定対象の概念の現在の値を取得するのが難しい場合や、コストのかかる操作であるときに、増減を追跡するために使用されます。それ以外のケース（例：配列のサイズを取得する場合）では、計算コストを抑えられる非同期のアップダウンカウンターが推奨されます。

アップダウンカウンターの操作はカウンターとよく似ていますが、add()操作で負の値を受け入れる点が異なります。

```
LongUpDownCounter counter = meter
  .upDownCounterBuilder("queue.size")
  .setUnit("items")
  .build();

# キューに4つのアイテムを追加した後
counter.add(4,
```

```
  Attributes.of(AttributeKey.stringKey("name"), "myqueue"));
# キューから2つのアイテムを削除した後
counter.add(-2,
  Attributes.of(AttributeKey.stringKey("name"), "myqueue"));
```

　カウンターと同様に、アップダウンカウンターはビルダーを使用する際に
ofDoubles()メソッドを呼び出すことで、Double値をサポートします。

非同期アップダウンカウンター

　メトリクス収集時点で、事前に計算済みの非単調な測定値をレポートするには、非
同期のアップダウンカウンターが推奨されます。この計装型は、レプリカ間のメモリ使
用量のように、時系列全体でデータポイントを合計する意味がある場合に適していま
す。逆に、すべての冷蔵庫の現在の温度のように、個々の時系列全体で値を合計する
ことが適切でない場合には、非同期Gaugeがより適切な代替手段です。

　通常、ObservableUpDownCounter（または、言語の慣習により異なる名称の場合も
あります）と呼ばれ、ObservableCounterと同様の動作をします。結果として、コー
ルバックの登録・解除や重複した測定値の処理方法など、以前説明したすべての概念
が適用されます。この2つの計装の違いは、ObservableUpDownCounterが非単調な測
定値（例：バイト単位のメモリ使用量、これは増減する可能性があります）をレポート
するのに使われるという点です。単調増加の測定値（例：ディスク操作の回数）には、
ObservableCounterを使用します。

　この計装のデフォルトの値型はLongです。Double値を測定するObservable
UpDownCounterを登録するには、次のJava命令を使用して、ビルダーのofDoubles()
メソッドを呼び出します。

```
ObservableDoubleUpDownCounter counter = meter
  .upDownCounterBuilder("mycounter")
  .ofDoubles()
  .buildWithCallback(measurement -> {
    measurement.record(2.3, Attributes.of(
      AttributeKey.stringKey("myKey"), "foo"));
    measurement.record(5.4, Attributes.of(
      AttributeKey.stringKey("myKey"), "bar"));
});
```

非同期ゲージ

　非同期ゲージは、言語実装では通常 ObservableGauge（または、言語の慣習により異なる名称のこともあります）と呼ばれ、非単調で非加法的な測定値の、測定時点での現在値を報告するために使用されます。操作は ObservableUpDownCounter とほぼ同じですが、意味が異なります。ゲージが報告する値は、メモリ使用率（パーセンテージ）やCPU温度のように、時系列での加算を意図していない概念を表します。

　非同期計装として、ObservableCounter で説明したすべての概念が Observable Gauge にも適用されます。この種類の計装のデフォルトの値型は Double です。次のコードで登録できます。

```
ObservableDoubleGauge gauge = meter
  .gaugeBuilder("mygauge")
  .buildWithCallback(measurement -> {
    measurement.record(2.3);
  });
```

7.3　Metrics SDK

　Metrics SDK の責務は、MeterProvider、Meter、Instrument、および測定値を報告するためのすべての公開インターフェイスを実装することです。さらに、測定値をメトリクスデータポイントに集約し、メトリクスを収集し、適切なバックエンドにエクスポートするメカニズムも提供します。

　Meter インスタンスを作成する方法を提供することに加えて、MeterProvider はメトリクスの収集、集約、およびエクスポートに関連するすべての設定を保持します。以下の項目を設定します。

- **メーターリーダー**[†2]：計装によってレポートされたメトリクスを収集し、必要に応じて設定されたメトリクスバックエンドにエクスポートします。1つのプロバイダーに複数のメーターリーダーを設定できます
- **ビュー**：個々の計装からの測定値をメトリクスへと処理するための集約と属性を動的に定義します。1つのプロバイダーに複数のビューを登録できます

---

†2　翻訳注：この箇所の「リーダー」の原文は「Reader（読み取り器）」で、「Leader（導く人）」ではありません。

- **リソース**：生成されるすべてのメトリクスに関連付けられるリソース。メーターリーダーとエクスポーターの構成によっては、メトリクスのデータポイントに直接属性が追加されない場合があります

opentelemetry-apiおよびopentelemetry-sdk Mavenアーティファクトを依存関係として宣言すると、次のようにMeterProviderを作成し、グローバルに利用可能なOpenTelemetryインスタンスに割り当てられます。

```
# 空のプロバイダー、build() を直接呼び出すのと同等
SdkMeterProvider meterProvider = SdkMeterProvider.builder()
  .setResource(Resource.getDefault())
  .setClock(Clock.getDefault())
  .build();

OpenTelemetry openTelemetry = OpenTelemetrySdk.builder()
  .setMeterProvider(meterProvider)
  .buildAndRegisterGlobal();
```

Javaでは、現在時刻および経過時間を取得する特定のClock実装を設定できます。デフォルトではSystem.currentTimeMillis()およびSystem.nanoTime()が使用されるため、setClock()を呼び出す必要は通常ありません。

前述の構成は有効ですが、このままでは計装からのメトリクスは収集されません。この節の後半では、ViewとMetricReaderインスタンスを作成し、それらをMeterProviderに登録する方法と、そのようにJavaエージェントを設定する方法について説明します。

MeterProviderは、メモリ内に残っている測定値やメトリクスをクリーンアップするために使用できる2つの関数も提供します。

- shutdown()：登録されたすべてのメーターリーダーを停止します。Prometheusのようなプルベースのエクスポーターを持つリーダーの場合は、メトリクスをエクスポートするサーバーエンドポイントを停止します。プッシュベースのエクスポーターの場合は、メトリクスをフラッシュしてシャットダウンします。このメソッドを呼び出した後にメーターを取得するメソッドを呼び出すと、no-opのMeterインスタンスが返されます
- forceFlush()：登録されたすべてのメーターリーダーでメトリクスをフラッシュし、集約されたすべてのメトリクスの現在の値をエクスポートします。これはプッ

シュベースのメトリクスエクスポーターを使用するリーダーでのみ意味があります

7.3.1 集約

計装がレポートした測定値は、指定された関数と一意の属性セットに従い、メモリ内で集約する必要があります。これらの集約は、メトリクスリーダーによって定期的にメトリクスデータポイントの形式で抽出され、その後、適切な形式でメトリクスバックエンドにエクスポートされます。これは、集約のために必要な間隔を定義する集約テンポラリティとは異なります。集約テンポラリティについては、メトリクスリーダーとともに本章の後半で説明します。

本節で説明する集約関数には、すべてが**分解可能な集約関数**であるという共通点があります。この性質により、集約時に個々の測定にアクセスしなくても、生成された値を測定全体にわたって結合したり、異なるディメンションに応じて再集約したりできます。この種の関数の詳細についてはhttps://en.wikipedia.org/wiki/Aggregate_function#Decomposable_aggregate_functionsで確認できます。

各計装の種類には、その意味をもっとも正確に表すデフォルトの集約が関連付けられています。

表7-1：計装に関連付けられているデフォルトの集約

計装の種類	デフォルトの集約
カウンター	合計
非同期カウンター	合計
アップダウンカウンター	合計
非同期アップダウンカウンター	合計
非同期ゲージ	最後の値
ヒストグラム	明示的バケットヒストグラム

3章の図3-3で示したように、同じ測定値に異なる集約を適用すると、レポートされる値にどのような違いが出るかがわかります。次項では、OpenTelemetryがサポートする各集約について詳細を説明します。

合計

合計（Sum）は、ユニークな属性のセットごとに、指定された間隔で計装が記録したすべての測定値を合算したものを表します。これは、ヒストグラムや各種カウンターと互換性がありますが、ゲージはその定義上加算が適さないため、個別の実装（例：

Java）ではゲージ計装の合計集約をサポートしない場合もあります。

この集約の単調性は、元の計装型に依存します。カウンターや非同期のカウンター、ヒストグラムなどの単調増加する計装に対しては単調な合計になりますが、アップダウンカウンターおよび非同期アップダウンカウンターの場合はそうではありません。

最後の値

最後の値での集約は、ユニークな属性のセットごとに、ゲージ計装によって特定の間隔でレポートされた最新の値を使用します。たとえば、温度をroom属性付きでゲージ計装に記録している場合、この属性を除外して最後の値の集約を適用すると、**任意の部屋で最後に記録した温度を表す値**が得られます。この集約型はゲージで使用されることを意図しており、他の計装型に適用する場合には、使用するSDK（例：Java）によってサポートされない場合もあります。

明示的バケットヒストグラム

ヒストグラムは、値の集合の分布を近似して表現し、すべての値を保存することなく統計情報（任意のパーセンタイルなど）を得る手段です。ヒストグラムは、特定の範囲に対するデータのカウントを示すバケット（ビン）に値の範囲を分割することで実現されます。図7-3では、リクエストの応答時間を11のバケットに分割して表現しています。特定の値をヒストグラム集約で記録する際、最初にその値が対応するバケットを見つけ、そのバケットのカウンターを1増加させます。このため、各バケットは単調増加するカウンターとして扱うことができます。

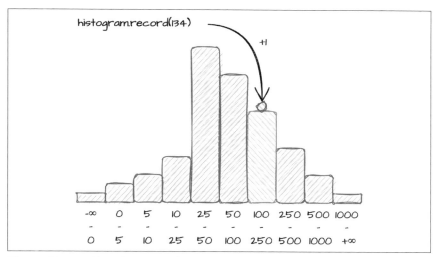

図7-3：バケットに値を記録するシンプルなヒストグラム表現

　ヒストグラムには、適切なバケットをインクリメントするために、単調増加する値を持つ各測定値が必要です。そのため、ヒストグラム集約に対応する計装は、カウンターとヒストグラムのみです。

　メトリクスバックエンドは、特定のクエリーに応じた補間をバケット境界で行うことが一般的です。たとえば、200件の測定値がある分布で90パーセンタイルを調べる場合、0から始めて180件目（全体の90%）に到達するまで各バケットカウンターを加算します。しかし、このプロセスは通常、計算がちょうどバケットの境界で終了しないため（たとえば、170件までのバケット加算した後、次のバケットには20件ある）、クエリー関数は補間を行い、一般的には線形補間を使用して、そのバケット内で180がどこに位置するかを近似します。この場合、180は170と170+20の中間にあるため、バケットの中央に位置することになります。分布を正確に表現するため、バケット数を慎重に決定することが重要です。バケット数が増えると精度は高まりますが、通常、バケットの数が多いとメモリとデータ転送のコストが高くなるため、慎重に行う必要があります。

　バケットの境界は、明示的バケットヒストグラム集約を設定する際に指定できます。デフォルトの境界は、高い値よりも低い値を正確に表現するために、段階的に広がるように境界が分かれています。

```
[ 0, 5, 10, 25, 50, 75, 100, 250, 500, 750, 1000, 2500, 5000, 7500, 10000 ]
```

これは次のバケットに対応します。

```
(-∞, 0],
(0, 5.0],
(5.0, 10.0],
(10.0, 25.0],
(25.0, 50.0],
(50.0, 75.0],
(75.0, 100.0],
(100.0, 250.0],
(250.0, 500.0],
(500.0, 750.0],
(750.0, 1000.0],
(1000.0, 2500.0],
(2500.0, 5000.0],
(7500.0, 10000.0],
(10000.0 +∞)
```

バケットカウントに加えて、OpenTelemetryのヒストグラム集約は最小値と最大値、さらにすべての値の合計も計算します（合計カウントとともに平均値も簡単に計算可能）。これにより、データ分布をより包括的に把握することができます。

ヒストグラム集約は、単一のデータポイントとしてエクスポートされるか、もしくは複数のデータポイントとしてエクスポートされるかは、エクスポーターによって異なります。たとえば、Prometheusはヒストグラムの各バケットや最小/最大の値を個別のデータポイントとして表現する一方で、OTLPはこれらの値を含む単一のデータポイントとして表現します。

指数ヒストグラム

ヒストグラムのバケット境界の選択は、分布を正確に表現するための鍵です。通常、コンピューティングの分野では低い値に対してより高い精度が求められます。たとえば、ほとんどのリクエストが100ミリ秒以下で処理されるサービスで、最初のバケット境界を (0, 100.0] に設定するのはあまり有益ではありません。すべてのリクエストが同じバケットに収まり、線形補間も役に立たなくなります（たとえば、80パーセンタイルはおそらく80になるでしょう）。

ソフトウェアシステムは通常、ロングテールを持つ分布を示します。たとえば、HTTPサーバーの応答時間は、ほとんどが分布の下限に近い小さな範囲に収まりますが、ガベージコレクション、CPUのスロットリング、ネットワーク障害などの外部要因により、長い応答時間を示す異常なレスポンスが生じることもあります。これらは一般

的には発生頻度が低く、分布の上限まで広がることが特徴です。

そのような分布により動的に対応するために、OTEP-149（詳細はhttps://github.com/open-telemetry/oteps/blob/main/text/0149-exponential-histogram.md）では、指数ヒストグラムのサポートを追加しました。このOTEPでは、本節の内容以上に、指数ヒストグラム集約の数学的根拠が説明されています。ここで理解すべき重要な点は、指数ヒストグラム集約がバケット境界を制御するための指数関数と、解像度を制御するscaleパラメーターを用いることです。このパラメーターはOpenTelemetry SDKではバケットを指定せず、レポートされた値の範囲に基づいてSDKの実装が計算します。指数バケットを用いることで、より正確な分布が表現され、明示的バケットよりもバケット数が少なくなり、境界が異なる複数のヒストグラム（[0, 5, 10]と[0, 3, 9]）をマージする際の課題が解決します。

指数ヒストグラムは、OpenTelemetry実装が仕様に準拠するための必須要件ではありません。これを実装するもの（例：Java）は、たとえば特定のヒストグラムの最大バケット数など、設定用の特定のパラメーターを受け付けることが可能です。また、指数バケットヒストグラムは、明示的バケットヒストグラムと同様に、カウンターやヒストグラムの計装にのみ対応しています。

ドロップ

ビューを設定する際、特定の条件に一致する計装からの測定をドロップ（破棄）するように定義できます。この型の集約を持つ計装にレポートされた測定値は、すぐに破棄されます。ドロップ集約は、すべての計装種類でサポートされています。

7.3.2　ビュー

デフォルトの集約は、通常メトリクスを適切に表現する方法です。計装する作者が特定の概念をメトリクスで表現する意図があるからです。それでも、OpenTelemetry SDKの設定時には、アプリケーション所有者が個別の計装に対する集約を動的に指定したり、メトリクスのプロパティ（名前、説明、属性など）を変更できます。これにより、自動計装されたメトリクスのカーディナリティを抑えたり、不要な属性を削除することができ、既存のシステムにOpenTelemetryを大規模に展開する際にも役立ちます。結果的に、メトリクスビューはサービス所有者にとって意味のある集約を反映することが望ましい状態です。

MeterProviderは、1つ以上のView定義を登録でき、それぞれ以下のプロパティで構成されます。

- **計装選択基準**：計装にViewを適用するためには、指定された基準プロパティの**すべて**に一致しなければなりません。これには、計装の名前、種類、メーター名、メーターのバージョン、メータースキーマURLのいずれか、または複数が含まれます。名前の一致には、SDKは単一の*文字を指定してすべての名前に一致させているほか、?や*のようなワイルドカード文字もサポートされており、0個以上の文字に一致させることもできます
- **メトリクス構成**：一致した計装から、メトリクスがどのように生成されるかを構成できます
  - **名前**：指定された場合、結果として得られるメトリクスの計装の名前を上書きします
  - **説明**：指定された場合、結果として得られるメトリクスの計装の説明を上書きします
  - **属性キー**：指定された場合、構成された集約が与えられた属性キーリストにわたって適用されます。リストにない属性は無視されます
  - **集約**：指定された場合、計装のデフォルトの集約を上書きします。計装は指定された集約型をサポートしている必要があります

同じ名前のビューを同じMeterProviderに複数登録すると、以前に計装の登録について説明したように、重複したメトリクスやセマンティックエラーが発生する可能性があります。

以下の例では、MeterProviderを構築する際に、2つのメトリクスビューを登録しています。1つは指定された基準に一致するすべてのカウンター計装に対しヒストグラム集約を指定し、もう1つはヒストグラムメトリクスの名前を変更してfooとbar以外の属性を削除しています。

```
SdkMeterProvider sdkMeterProvider = SdkMeterProvider.builder()
  .registerView(
    InstrumentSelector.builder()
      .setType(InstrumentType.COUNTER)
      .setName("*-counter")
      .setMeterName("my-meter")
      .setMeterVersion("1.0.0")
      .setMeterSchemaUrl("http://example.com")
```

```
        .build(),
      View.builder()
       .setAggregation(
         Aggregation.explicitBucketHistogram(
           Arrays.asList(1.0, 3.0, 9.0)))
       .build())
 .registerView(
   InstrumentSelector.builder()
     .setName("my-histogram")
     .build(),
   View.builder()
     .setName("a-histogram")
     .setAttributeFilter(
       key -> key.equals("foo") || key.equals("bar"))
     .build())
 .build();
```

　Javaエージェントを使用する場合、自動設定によるメトリクスビューの設定は、執筆時点ではまだ実験的な機能です。それでも、otel.experimental.metrics.view-configシステムプロパティ（または同等の環境変数）にYAMLファイルを含めることで使用できます[†3]。前述のビュー登録と等価のYAML設定は、次のようになります。

```
- selector:
    instrument_type: COUNTER
    instrument_name: *-counter
    meter_name: my-meter
    meter_version: 1.0.0
    meter_schema_url: http://example.com/
  view:
    aggregation: explicit_bucket_histogram
    aggregation_args:
      bucket_boundaries: [1.0, 3.0, 9.0]
- selector:
    instrument_name: my-histogram
  view:
    name: a-histogram
    attribute_keys:
      - foo
      - bar
```

---

†3　翻訳注：翻訳時点でも、これはまだ実験的な機能です。詳しくはhttps://github.com/open-telemetry/opentelemetry-java/blob/main/sdk-extensions/incubator/README.mdを参照。

7.3.3 イグザンプラー

同期的な計装を使用して測定値を記録する場合、各測定値は個々のアクションやイベントを表します。測定値は低粒度のメトリクスに集約されますが、集約期間中にキャプチャされた高粒度のデータをデータポイントに付加できます。この高粒度のデータはイグザンプラー（exemplar）と呼ばれます。イグザンプラーには2つの主な機能があります。

- メトリクスにグループ化されたサンプルデータを記録します。たとえば、特定のヒストグラムバケットに記録された単一の値であり、これにはアクティブなビューで集約されていない測定属性が含まれる可能性があります
- メトリクスやトレースなどのテレメトリーシグナルをリンクし、特定のメトリクスポイント（例：ヒストグラムバケットでカウントされた遅いリクエスト）から個別のトレースにナビゲートできるようにし、重要な操作をデバッグするために必要なテレメトリーコンテキストを提供します

以下の情報を記録することで、イグザンプラーはこれを達成します。

- 個々の測定値の値
- 個々の測定値のタイムスタンプ
- 個々の測定値に関連するが、計装のアクティブなViewには含まれていない属性のセット
- 測定が記録されたときに、現在のContextにアクティブなSpanContextが存在する場合、そのトレースIDおよびスパンID

イグザンプラーを記録するタイミングを制御する動作は、次の2つの拡張可能なフックで制御されます。

- **フィルター**：測定値に関数を適用し、特定の測定値をイグザンプラーに記録するかを決定します。この関数は、測定値のプロパティと現在のContextにアクセスできます。ビルトインのフィルターには、常にサンプルを取るフィルター、決してサンプルを取らないフィルター、アクティブなトレースがサンプリングされている場合にサンプルを取るフィルターがあります
- **リザーバー**：イグザンプラーをリザーバーに格納するための「提供」関数と、コレ

クション期間ごとにメトリクスリーダーがリザーバーにあるイグザンプラーを「収集」するための関数を定義します

執筆時点では、イグザンプラーの仕様はフリーズされていますが、実装はまだ実験的な状態にあります[†4]。イグザンプラーフィルターとリザーバーは`MeterProvider`のビルド時に設定できます。Javaでは、`MeterProviderBuilder`での`ExemplarFilter`の設定はまだサポートされていませんが、`SdkMeterProviderUtil`を使用して`MeterProviderBuilder`に設定できます。

```
SdkMeterProviderUtil
  .setExemplarFilter(builder, ExemplarFilter.alwaysSample());
```

自動設定を使用してJavaエージェントを使用する場合、システムプロパティ`otel.metrics.exemplar.filter`（または同等の環境変数）を通じてプリビルトフィルターを設定できます。サポートされる値は`NONE`、`ALL`、`WITH_SAMPLED_TRACE`（デフォルト）です。

Javaでは、カスタムの`ExemplarReservoir`の設定はまだ利用できませんが、計装のプロパティとして実装され、個々の計装に対して異なるリザーバーを指定できるようになる予定です。現在の実装では、デフォルトの固定サイズのリザーバーが設定され、リザーバーのサイズはアプリケーションで利用可能なプロセッサー数に依存します。

図7-4は、4章でのPrometheusインスタンスの設定に`--enable-feature=exemplar-storage`フラグを追加し、リクエスト持続時間の90パーセンタイルをクエリーした結果を示しています。個々の測定値のイグザンプラーとともに、トレースIDとスパンIDが表示されています。オブザーバビリティの統合プラットフォームはこのデータを使用して、メトリクスとトレースの間を簡単にナビゲートできるようになります。

---

†4 　翻訳注：翻訳時点で、イグザンプラーの仕様はStableになっています。https://opentelemetry.io/docs/specs/otel/metrics/data-model/#exemplars

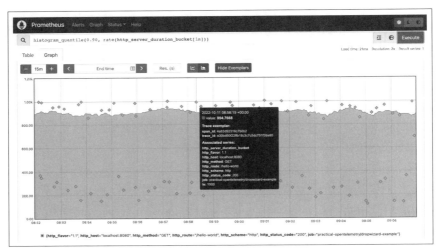

図7-4：Prometheusにおけるイグザンプラーのサポート

7.3.4 メトリクスリーダーとエクスポーター

ここまでは、アプリケーションの中でメトリクスがメモリ上でどのように集約されるかについて探りました。このようなメトリクスは収集され、適切なメトリクスバックエンドにエクスポートされないと、あまり役に立ちません。この目的のために、OpenTelemetry SDKは MetricReader インターフェイスと、以下の機能を提供する組み込みの実装を提供します。

- メモリ上の集約からメトリクス（およびイグザンプラー）を収集します。OTLPのようなプッシュベースのエクスポーターの場合は定期的な間隔で、Prometheusのようなプルベースのエクスポーターの場合はオンデマンドで行われます
- forceFlush() と shutdown() 操作を処理し、メモリ上のすべてのメトリクスがクリーンアップされ、エクスポートされることを確認します

MetricReaderを初期化する際に使用できるプロパティは次の通りです。

- **エクスポーター**：使用する MetricExporter のインスタンス。OTLPやPrometheus用のSDKにより提供される組み込みの実装に加えて、デバッグ目的でメトリクスをテキスト形式で出力するログエクスポーターもあります

7.3 Metrics SDK | 143

- **デフォルト集約**: 計装型ごとに使用するデフォルトの集約。必須ではなく、提供されない場合は計装型ごとのデフォルト集約が使用されます。いずれにせよ、登録されたメトリクスビューで後から集約を構成できます

- **デフォルトテンポラリティ**: デフォルトでは、エクスポーターは累積テンポラリティを使用します（集約テンポラリティについては次節を参照）。設定した場合、差分テンポラリティがサポートされる集約には差分テンポラリティが使用されます

`MetricReader` インスタンスは、`MetricProvider` を構築するときに登録できます。異なるエクスポーター構成を持つ複数のメトリクスリーダーを登録することも可能です。以下の例では、1つの `MetricProvider` に3つの `MetricReader` インスタンスを登録しています。

```
SdkMeterProvider sdkMeterProvider = SdkMeterProvider.builder()
  .registerMetricReader(PeriodicMetricReader
    .builder(LoggingMetricExporter.create())
    .setInterval(Duration.ofMillis(30_000L))
    .build())
  .registerMetricReader(PrometheusHttpServer
    .builder()
    .setPort(9464)
    .build())
  .registerMetricReader(PeriodicMetricReader
    .builder(OtlpGrpcMetricExporter
      .builder()
      .setDefaultAggregationSelector(
        DefaultAggregationSelector.getDefault()
          .with(InstrumentType.HISTOGRAM, Aggregation.sum()))
      .setAggregationTemporalitySelector(
        AggregationTemporalitySelector.deltaPreferred())
      .setEndpoint("http://otel-collector:4317")
      .build())
    .build())
  .build();
```

`PeriodicMetricReader` は、メトリクスを30秒ごとに収集し、`LoggingMetricExporter` を使用してINFOレベルのログメッセージとして出力しています。さらに、`PrometheusHttpServer` は、ポート9464の **/metrics** パスでメトリクスを提供し、そのエンドポイントが呼び出されるたびに `MetricReader` がメモリ内のすべてのメトリクスを累積テンポラリティ（Prometheusでサポートされる唯一のテンポラリティ）で単調増加する値としてエクスポートします。最後に、`OtlpGrpcMetricExporter` は、デフォルト

のPeriodicMetricReader（1分間隔）を使用して、OTLP形式でメトリクスをhttp://
otel-collector:4317にプッシュします。Viewが設定されていない場合、ヒストグラ
ム計装はデフォルトで合計集約され、差分テンポラリティが単調増加する値の集約に
使用されます。

　MetricReaderの各インスタンスは計装とメトリクスビューに対して登録され、内部
状態を保持するためにメモリ上の集約にアクセスできます。これにより、リーダーは独
立して動作し、個別のエクスポート間隔や異なるテンポラリティ集約を使用できます。

　Javaエージェントを使用した自動設定では、使用するエクスポーターのリストは
otel.metrics.exporterプロパティ（または同等の環境変数）で設定できます。これは、
次の値をカンマ区切りのリストで受け入れます。

- otlp: デフォルトのエクスポーター。このエクスポーターを使用する場合、otel.
  exporter.otlp.metrics.*配下のプロパティでエンドポイント、証明書、認証な
  どを制御できます。また、otel.exporter.otlp.*プレフィックス配下で、OTLP
  エクスポーター（トレース、メトリクス、ログ）全体に対してグローバルに制御す
  ることも可能です。OTLPメトリクスエクスポーターのプレフィックス内には、テ
  ンポラリティと集約を制御する2つのプロパティがあります
    - temporality.preference:CUMULATIVE または DELTA
    - default.histogram.aggregation:EXPONENTIAL_BUCKET_HISTOGRAM
      または EXPLICIT_BUCKET_HISTOGRAM
- prometheus: 設定したotel.exporter.prometheus.portとotel.exporterprome
  theus.hostにバインドされたPrometheusサーバーを開き、Prometheusが
  /metricsパスでメトリクスをスクレイプできるようにします。
- logging: メトリクスをINFOレベルのログメッセージとして出力します。それ以外
  の設定はできません

　最後に、otel.metric.export.intervalプロパティを使用して、定期的なメトリク
スリーダーで使用する収集間隔をミリ秒単位で定義できます。デフォルトは60,000（1
分）です。

集約テンポラリティ

　メトリクスをゲージで収集する場合、各収集期間における測定の最後の値をレポー

トします。各データポイントは単一の時点を表し、過去の測定値は単一のデータポイントに集約されません。対照的に、合計やヒストグラムのデータポイントは、時間を通じた個々のデータポイントの集まりを表します。各データポイントの時間の範囲を**集約テンポラリティ**と呼びます。

集約テンポラリティには、以下2つの主要な型があります。

- **累積**：各メトリクスデータポイントには、計装が初期化された時点からデータポイントのタイムスタンプまでに記録されたすべての測定値の合計を含みます。
- **差分**：各メトリクスデータポイントには、特定の収集間隔に対応する合計を含みます。つまり、毎回レポートするたびに合計をゼロにリセットするようなものです。

図7-5は、単調増加するカウンターにおける累積と差分のテンポラリティの違いを示しています。

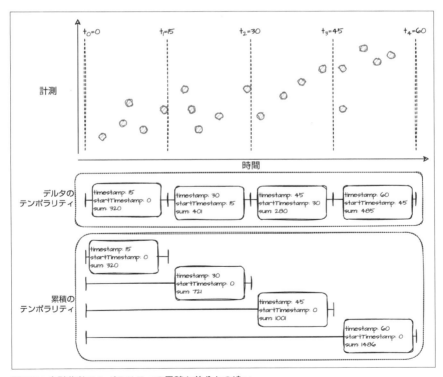

図7-5：合計集約テンポラリティの累積と差分との違い

集約テンポラリティの選択は、通常、データをエクスポートするメトリクスバックエンドによって決まり、通常は単一の型のみがサポートされます。たとえば、**累積テンポラリティ**は、PrometheusやOpenTSDBのようなバックエンドでは一般的です。**図7-5**は、すべてのデータポイントに開始時刻と現在のタイムスタンプを表示していますが、累積テンポラリティを必要とするバックエンドによってはタイムスタンプを必須としない場合もあるため、OpenTelemetryでこれはオプションです。その代わり、カウンターやヒストグラムのリセット（たとえば、プロセスの再起動や集約のオーバーフローによって前の値より低くなった場合）を識別するために、時系列の単調性に依存するメカニズムを実装しています。これらは通常、レートやインクリメントクエリー関数として実装され、指定された時間間隔における2つのデータポイント間の差分を計算します。したがって、基礎となるメトリクスの生成元が一意に識別できることが重要です。そうでなければ、単調増加する時系列データのポイントが120から10に減少した原因がプロセスの再起動によるものか、異なるプロセスからの測定値であるかを判別できなくなります。

累積テンポラリティを使用する利点はいくつかあります。たとえば、Prometheusのようなプルベースのシステムでは、個々のスクレイプの失敗によってデータポイントが欠落しても、クエリー時に修復できます。次のデータポイントが15秒ごとにスクレイプされると仮定します。

```
t0 -> 4
t15 -> 8
t30 -> 12
t45 -> 13
t60 -> 15
```

このカウンターの1分間の増加を求めるには、t0とt60の値のみが必要です。データポイントが3つ欠落していても、結果は正確です。プロデューサー側のメモリコストが発生することがよくありますが、これは与えられたメトリクスのカーディナリティに直接関連します。属性の組み合わせごとに、送信者は新しい測定を集約するために前の値を「記憶」しなければなりません。

差分テンポラリティは一方で、特定の収集間隔中に値を集約するだけで済むため、送信者側のメモリ使用量を削減できる可能性があります。ただし、断続的な障害には別の方法で対処する必要があります。たとえば、OTLPエクスポーターのようなプッシュベースのエクスポーターは、メトリクスポイントのギャップを最小限に抑えるため

にキューイングと再試行を実装しています。合計は特定の収集間隔のみを表すため、この集約テンポラリティの使用時には開始タイムスタンプが必要です。これにより、エクスポーターは各間隔ごとに個別のリクエストとしてではなく、バッチでメトリクスをレポートできます。

　差分テンポラリティのメトリクスを推論する際、バックエンドはカウンターのリセットを考慮する必要がなく、個々のデータポイントを独立して考えることができるため、エンドユーザーにとって扱いやすいかもしれません。さらに、メトリクスバックエンドは、分解可能な加法特性[†5]が保持されているため、同じ識別属性を使った異なる生成元からの合計をサポートできます。通常、定期的な間隔でエクスポートされる時系列の一意な生成元を識別することに関心があるため、これは一般的には推奨されませんが、特定の状況ではシステム全体のメトリクスのカーディナリティを削減するのに役立つかもしれません。たとえば、OpenTelemetry Collectorは、個々のコレクターインスタンスIDを追加することなく、すべてのサービスから生成されたスパンからのメトリクスの合計をレポートできます。

　OTLPフォーマットは、両方の型の集約テンポラリティをサポートしています。OTLPエクスポーターは、デフォルトで差分テンポラリティを優先して使用するように設定可能ですが、「優先」とされるのは、単調増加でない合計のセマンティクスにより、集約に考慮される時間間隔が最初の測定以来のすべての測定値を含む必要があるからです。これにより、差分テンポラリティはヒストグラム、カウンター、および非同期カウンター計装にのみ適用できます。

　OpenTelemetry Collectorのプロセッサーは、累積テンポラリティを差分テンポラリティに変換するのに役立ちます。ただし、このアプローチにはいくつかの注意点があります。たとえば、累積テンポラリティを持つヒストグラムでレポートされた最小値と最大値は、プロセスの開始以来の最小値と最大値を示しているため、特定の間隔のものとして変換することは信頼できません。逆に、Prometheusエクスポーターなど一部のOpenTelemetry Collectorのエクスポーターでは、差分テンポラリティの合計を累積テンポラリティに集約してPrometheusバックエンドとの互換性を持たせています。

---

†5　翻訳注：分解可能な加法特性とは、メトリクスの個別の集約値を分解して異なる次元で再度集計しても、正確な合計が得られる特性を指します。たとえば、サービスのリクエスト数やデータ転送量といったメトリクスがサーバーごとにレポートされたものを、その後に、各サーバーの合計をまとめる形で全体の合計が得られます。

7.4 まとめ

　メトリクスは広範なトピックであり、長年にわたって蓄積された知識と無数のユースケースがあります。本章では、現代のオブザーバビリティシステムにおけるメトリクスの基本的な目的を取り上げ、OpenTelemetryのシグナルを他のテレメトリーシグナルと相関させることで、システムのより統合的かつコンテキストに基づいたビューを提供する方法について探求しました。

　また、OpenTelemetry APIを使用して測定値をレポートするために使用できるさまざまな種類の計装についても検討し、これらの測定値をメトリクスとして集約およびエクスポートするためのSDKの設定方法についても説明しました。

　複数のテレメトリーシグナルからのオブザーバビリティデータをエクスポートして相関させるための統一されたソリューションを提供するという私たちの使命の一環として、次章では、テレメトリーのもう1つの伝統的な形態であるログに目を向け、OpenTelemetryが提供するやや異なるアプローチを見ていきましょう。

8章
ログ

　ログは、テレメトリーのもっとも初期の形式の1つです。そのため、このシグナルは多くの言語でネイティブサポートを受けており、構造化および非構造化イベントを生成するためのフレームワークも十分にサポートされています。執筆時点[†1]で、OpenTelemetry Logsの仕様はまだ開発中であり、実験段階にあります。そのため、本章で使っている概念や例は変更される可能性があります。それにもかかわらず、この初期段階でも、長い歴史を持つログソリューションをサポートするために、OpenTelemetry Logs APIおよびSDKは、既存のフレームワークやプロトコルと統合する必要があると考えられています。本章では、OpenTelemetryが既存のソリューションとどのように統合できるか、そして現代のオブザーバビリティにおけるアプリケーションログの目的について説明します。

8.1　オブザーバビリティのためのログが目指すところ

　前章では、メトリクスやトレースがオブザーバビリティの主要な目的のいくつかをどのように満たすかについて説明しました。こうした目的には、主要なパフォーマンス指標の収集、システムの状態の確認、異常の検出、リグレッションの根本原因の特定などが含まれます。メトリクスは安定して完全なシグナルを提供し、それにリンクするサンプリングされたトレースからは個々の操作に関する高粒度のコンテキストが得られます。ここで、疑問が生じます。現代のオブザーバビリティにおけるログの役割とはいったい何でしょうか？

[†1]　翻訳注：翻訳時点でのログ仕様のステータスはEvent API以外はstable（安定版）です。

アプリケーションログの目的を探るために、ログが伝統的に果たしてきたユースケースが他のテレメトリーシグナルによってどう改善できるかを分析するのは有効な手段です。分散トレースが一般化する以前、アプリケーションは通常、アクセスログ、例外、その他の内部メッセージで、リクエストを処理するサービスの内部状態を示すログを使い、個々のトランザクションに関する高粒度のデータを記録していました。しかし、これにはいくつかの課題があります。

- Context APIへのアクセスがあっても、ログには分散トレースの定義済みの構造がありません。そのため、オブザーバビリティプラットフォームでは、トレースの背景がなければ、サービスや操作全体でログを関連付けることが容易ではありません
- トレースコンテキストがない場合、ログのサンプリングは難しく、効果が限られます。操作が失敗したり、予想よりも時間がかかったりした場合には、通常、他のサービスのテレメトリーを参照してデバッグのコンテキストを得たいと思うでしょう。ログイベントは個別にしか扱えないため、たとえばすべてのERRORレベルのログを保存し、INFOやDEBUGのログの一部のみを保存することは可能です。しかし、同じトランザクションに関与する他のサービスや操作の状態をサンプリングの判断に反映させることはできません。その結果、組織内ではほとんどサンプリングが行われません。大規模な環境では、こうしたログのほとんどが「興味深い」操作（すなわちデバッグに価値のある操作）に対応しないため、デバッグにはほぼ価値がないにもかかわらず、コストがかかる可能性があります

ほとんどの場合、分散トランザクション内での操作をオブザーバビリティの目的で計装するシグナルとしては、ログよりトレースが適しています。しかし、これは標準的でサンプリングされていないアクセスログが役に立たないという意味ではありません。たとえば監査ログのようなタイプのログは、セキュリティや脅威検出の分野で非常に重要であり、これらのケースでは、サンプリングは選択肢になりません。ただし、このような用途のデータ要件は、オブザーバビリティシステムの要件とは異なります。データセットの完全性を重視し、ストレージコストを抑え、データ配信の遅延が多少長くなっても、あるいはシグナル間の相関が取れていなくても構わないという場合もあります。結局のところ、大多数のシステムが期待通りに動作しているかどうかではなく、ごく少数のシステムが意図しない使われ方をされているかどうかを特定するために使用され

るからです。オブザーバビリティ向けに設計されたプラットフォームにサンプリングされていない監査ログを保存すると、デバッグの価値を高めることなくコストの増大を招く結果となります。このような場合、より安価なストレージ形態や、データ配信の遅延（例：バックフィルやリプレイを含む）を許容しつつも、イベントの信頼性の高い配信を提供するパイプラインを使用する方が、コスト面でも有利です。OpenTelemetry SDKやCollector、またはFluentBitのような既存のソリューションは、ログの生成を標準化する手段を提供し、ログの種類に応じて適切なバックエンドにフィルタリングして配信することで、このようなシナリオにも対応できます。

オブザーバビリティという目的にとって、すべてのログが有用であるわけではありません。システムを計装する際には、異なるタイプのログをそのユースケース（例：監査ログ）にもっとも適したバックエンドにルーティングすることで、その価値を最大化できます。

いくつかのログバックエンドでは、特定の条件に一致するログの数を集約したり、可視化したり、アラートを出したりするような集約関数を使ったクエリーの実行が可能です。中には、ログの属性を数値フィールドとして扱い、個々のイベントから統計を計算できるものもあります。このような機能が、メトリクスの代替としてログを使用することにつながるケースもあります。たとえば、運用担当者がサービスのエラー数を監視するために、ERRORレベルのログの数をカウントして、その数が特定のしきい値を超えたときにアラートを発報することがあります。しかし、7章で説明したように、メトリクスでも同じ測定値を正確に表現します。メトリクスは、測定値を生成元で集約することで、転送、保存、クエリーのコスト要件を削減し、シグナルの安定性を最大化します。このため、生成元の段階で集約可能な概念を計装するためには、ログではなくメトリクスを使用することが推奨されます。

ログは、オブザーバビリティにおいて重要なユースケースをサポートします。これまでに議論された内容からすると、もっとも明白なものはおそらく、ユーザーのトランザクションには含まれない操作、たとえば、起動やシャットダウンのルーチン、バックグラウンドタスク、またはサービスレプリカの内部状態に関連する操作の監視です。これらのログはリクエストコンテキスト（つまりトレース）に含まれないかもしれませんが、OpenTelemetry APIやSDKを通じて標準的な方法で生成することで、オブザーバビリティが向上します。サービスレプリカから生成されたログを補強するために使用される

リソース情報は、同じ時期に収集されたメトリクスなどのシグナルと簡単に相関させるのに役立ちます。

もう1つの重要なログのユースケースは、サードパーティーライブラリや、更新が困難な独自のレガシーアプリケーションが生成したログにあります。これらは通常、標準的なログフレームワークを使用して計装されており、リクエストコンテキストの一部であることが多く、スパンやトレースと相関させることができます。OpenTelemetryの計装により、ログ生成時にアクティブな**コンテキスト**で存在するトレースIDやスパンIDでこれらのログを補強できます。図8-1に示すように、オブザーバビリティプラットフォームは、ログをトレースや他のシグナルとともに表示してオブザーバビリティの価値を高め、集約したビューからデバッグに有用な高粒度のビューまで横断して確認ができ、サービスがもともとトレースライブラリを使用して計装していない場合でも同様に、デバッグ時に有用なものです。

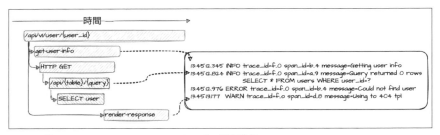

図8-1：単一のトレースにおけるスパンとログの相関関係

メトリクスは生成元で集約可能な測定を計装するという目的では優先すべきシグナルですが、常に実現可能とは限りません。たとえば、ブラウザはもっとも価値のある運用データの一部を生成しますが、ユーザーデバイスから直接得るしかありません。これにより、外部からシステムがどのように見えるかを最終的に知ることができます。これは一般にリアルユーザー監視（RUM）と呼ばれるもので、ページやドキュメントの読み込み時間、JavaScriptエラー、GoogleのCore Web Vitalsのような検索エンジン最適化（SEO）に重要な指標など、エンドユーザーの体験全体を反映し、検索順位に影響を与える重要なマーカーが含まれます。同じことがモバイルアプリケーションにも当てはまります。これらのイベントに対する生成元（つまりユーザーデバイス）の数の多さから、生成元レベルでの集約は無意味であり、生のイベントをエクスポートし、生成元ではな

く共通の送信先ごとに集約する必要があります。

　最後に、ログはオペレーティングシステムやインフラストラクチャコンポーネントに
おけるイベント監視の主要な形式です。この場合、運用担当者は、ログの内容を変更
するアクセス権を持たないのが一般的で、またそれらは通常、実行コンテキストの一
部ではありません。ログはさまざまなフォーマットやフレームワーク（例：ログファイ
ル、Kubernetesイベント、Syslog、Windowsイベントログ）で生成されます。これらの
ケースでは、アプリケーションログの特定のケースで前述したように、実行コンテキス
トとの相関を取ることは不可能ですが、標準化された属性で補強することで、リソース
レベルの相関を提供し、貴重なデバッグの洞察を引き出すことができます。たとえば、
OpenTelemetry Collectorを使用することで、リソース情報を使用して処理されたログ
を自動的に補強する機能を提供し、ログにリソース情報を付加できます。

8.2　Logging API

　OpenTelemetryは、ログに関して他のシグナルとはやや異なるアプローチを取りま
す。Logging APIは、メトリクスやトレースAPIと似たパターンに従う一連の公開イン
ターフェイスを定義していますが、アプリケーションの所有者が直接使用する必要があ
るのはEvents APIインターフェイスのみです。Logs APIインターフェイスはバックエン
ドAPIとして扱われ、通常、直接使用することは推奨されません。その代わり、**図8-2**
に示すように、これらのAPIはOpenTelemetryのメンテナーやサードパーティーのラ
イブラリが保守している、既存のロギングフレームワークと統合可能なロギングハンド
ラーやアペンダーの中で使用されます。本章の後半で、この例を見てみましょう。

　Logging APIは`LoggerProvider`インターフェイスを定義しており、基盤となるSDK
によって実装されなければならないものです。これを通じてログ処理やエクスポートの
設定を保持し、ログや（`EventLogger`経由で）イベントを出力する`Logger`インスタンス
を提供します。`LoggerProvider`インスタンスは、一元管理されたOpenTelemetryイン
スタンスの一部として設定でき、また、`TracerProvider`や`MeterProvider`と同様のパ
ターンで独立して初期化して、単独で使用することもできます。他のOpenTelemetry
APIと同様に、Logging APIは、SDKが設定されていない場合、no-op実装として動作
します。

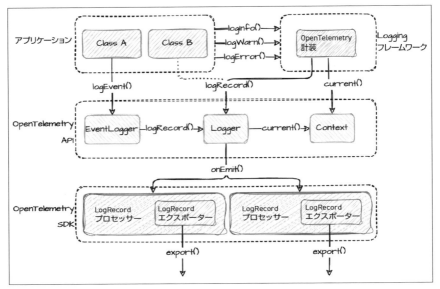

図8-2：ログフレームワーク内でのOpenTelemetryロギングの統合

Loggerは、LoggerProviderに以下のプロパティを指定することで取得できます。

- **名前**：Loggerインスタンスの名前を指し、計装ライブラリやOpenTelemetryでネイティブに計装されたアプリケーション、ライブラリ、パッケージ、またはクラスを参照するために使用します。このプロパティは必須です
- **バージョン**：アプリケーション、計装ライブラリ、または計装されたライブラリのバージョンを表すオプションのパラメーターです
- **スキーマURL**：エクスポートされたログレコードで使用するスキーマURLを指定するオプションのプロパティです
- **トレースコンテキストの有無**：ログレコードにトレースコンテキスト情報（トレースIDやスパンIDなど）を含めるかどうかを制御する真偽値です。デフォルトはtrueです[†2]
- **属性**：発行されたログレコードの計装スコープに関連付ける属性のセットです

---

†2 翻訳注：このプロパティは混乱を招くという理由から、v1.21.0で削除されました。https://github.com/open-telemetry/opentelemetry-specification/releases/tag/v1.21.0

ロガーは名前、バージョン、およびスキーマURLによって一意に識別され、これら
は計装スコープの一部を構成します。同じ識別プロパティを持つロガーを要求した場
合に、同じLoggerインスタンスが返されるか、それとも異なるLoggerインスタンスが
返されるかは規定されていません。ユーザーは、異なるプロパティで同一のロガーを要
求しないように注意する必要があります。そうでないと、レコードが意図した通りに処
理されない可能性があります。

ログ仕様はまだ安定していないため、このシグナルはAPIの一部であるグローバ
ルに利用可能なOpenTelemetryインスタンスには統合されていません[†3]。一元管理
されたLoggerProviderは、個々のインスタンスへの参照を保持するか、もしくは
GlobalLoggerProviderを介して管理することで取得できます。

```
Logger logger = GlobalLoggerProvider.get()
  .loggerBuilder("my-browser-logger")
  .setInstrumentationVersion("1.0.0")
  .setSchemaUrl("http://example.com")
  .build();
```

8.2.1 Logs APIインターフェイス

Loggerはログレコードを発行する責務を持ちます。LogRecordは構造化され
たデータ型です。APIとSDKはまだ安定していませんが、ログデータモデルは
OpenTelemetry仕様の下で安定しており、https://opentelemetry.io/docs/reference/
specification/logs/data-modelで確認できます[†4]。このモデルは、Windows Event Log、
Syslog、Log4j、Zap、CloudTrail、Apache HTTPアクセスログなど、既存のログフレー
ムワークやフォーマットに対応するマッピングを提供することに特に重点を置いていま
す。また、既存のソリューションをサポートできる重大度レベルの標準も定義していま
す。

APIでは、以下のフィールドを持つLogRecordを生成できます。

- **タイムスタンプ**：イベントが発生したときのUnixエポック（ナノ秒）。ローカルク
  ロックで測定されます。提供されていない場合は、現在のタイムスタンプが使用さ

---

†3　翻訳注：本章冒頭の翻訳注の通り、翻訳時点ではログの仕様は安定しており、言語により対応に
　　差はありますが、Logging APIはOpenTelemetryインスタンスに統合されているものもあります。
†4　翻訳注：翻訳時点では次のURLにリダイレクトされます。https://opentelemetry.io/docs/specs/
　　otel/logs/data-model/

- **観測時点タイムスタンプ**：イベントがOpenTelemetry SDKによって生成されていない場合、OpenTelemetry CollectorなどのOpenTelemetryの収集プロセスがイベントを観測したときのUnixエポック（ナノ秒）
- **コンテキスト**：TraceContext情報を取得できる有効なContext[†5]
- **重大度番号**：イベントの重大度を定義する番号（例：番号17–20はERRORイベントを表す）
- **重大度テキスト**：重大度の説明（つまり、人間が読みやすいログレベル）
- **ボディ**：人間が読みやすいログメッセージ
- **属性**：イベントに関連付ける属性を含むキーと値のペアのセット

Javaでは、以下のようにLoggerインスタンスを使用してLogRecordを発行できます。

```
logger.logRecordBuilder()
  .setBody("something bad happened")
  .setSeverity(Severity.ERROR)
  .setAttribute(AttributeKey.stringKey("myKey"), "myvalue")
  .emit();
```

OpenTelemetryは、ログハンドラーやアペンダーの形で標準的なログフレームワークとの統合を提供しているため、APIを使用してログを発行することは推奨されません。「8.4 ログフレームワークとの統合」の節を参照してください。

8.2.2　Events APIインターフェイス

構造化されたログレコードを作成できるLogging APIにアクセスできるということは、オブザーバビリティの目的においてログやイベントのデータモデリングに実質的な違いがないことを意味します。どちらも特定のフィールドセットを持つLogRecordオブジェクトとして表現できます。しかし、エンドユーザーはそれぞれに異なる意味を割り当てることがあり、オブザーバビリティプラットフォームは、従来のログと他の種類のイベントでは異なる機能を提供する場合があります。たとえば、browserイベントにはペー

[†5] 翻訳注：ここで言うContextは、翻訳時点の仕様ではTraceId、SpanId、TraceFlagsの3つを指します。https://opentelemetry.io/docs/specs/otel/logs/data-model/#log-and-event-record-definition

8.2 Logging API | 157

ジビューを表す属性のコレクションが含まれ、メッセージの本文はないかもしれませんが、ログには常にメッセージの本文が含まれていることが期待されます。

OpenTelemetry仕様のバージョン1.16.0に含まれるEvents APIインターフェイスはまだ初期開発段階にあり、将来のバージョンで変更される可能性が大きいです。このため、この節ではJavaの例は提供せず、定義は実験的なものとみなす必要があります。

ログとは異なり、イベントの作成は通常、ログフレームワークに依存しません。環境によっては、ログフレームワークを使用できない場合もあります。このユースケースに対応し、既存のフレームワークと統合すべきログと、APIを必要とするイベントとを分割するために、OpenTelemetryはEventLoggerインターフェイスの作成を提案しています。このインターフェイスはLogging APIの上にあり、OpenTelemetryの標準と命名規則に従ってイベントを発行する機能を提供します。

EventLoggerは、以下のプロパティで作成できます。

- **ロガー**：イベントをLogRecordsとして発行するために使用するLoggerインスタンス
- **イベントドメイン**：event.domain属性を指定します。これは生成されるイベントレコードの名前空間として機能します。OpenTelemetryのセマンティック規約に従い、この値は、適用可能であればbrowser、device、k8sである必要があります。それ以外の場合は、カスタム値が許可されます

EventLoggerインスタンスにアクセスすると、以下の引数を使用してイベントを発行できます。

- **イベント名**：発行したLogRecordのevent.name属性。この属性は、イベントドメイン内の特定のイベントタイプを識別します
- **ログレコード**：イベント属性を表すLogRecordインスタンス（前節のLogRecord定義を参照）

8.3 Logging SDK

Logging SDKは、トレースおよびメトリクスSDKの設計パターンと同様に、前節で詳述した公開インターフェイスの実装であるLoggerProviderとLoggerを提供します。LoggerProviderは、ログやイベントの処理に関連するすべての設定を保持します。

- **リソース**：このプロバイダーの下で生成されたすべてのログやイベントに関連付けるOpenTelemetryのResource
- **ログレコードプロセッサー**：プロバイダーの作成時に登録できるLogRecord Processorインスタンスのコレクションで、ログレコードの処理とエクスポートを担当します

個々の実装は、他の設定オプションを提供する場合があります。たとえばJavaの実装では、クロックの実装（Metrics SDKやTracing SDKと同様）や、ログ属性に関連する制限（属性の最大長など）を指定できます。

LoggerProviderはまた、forceFlush()やshutdown()を実装する責務を負い、登録されたすべてのLogRecordProcessorでこれらのメソッドを実行し、必要に応じてメモリ内のログやイベントが処理されることを保証します。

Mavenアーティファクトの依存関係としてopentelemetry-apiとopentelemetry-sdkを宣言すると、以下のJavaの例のように、グローバルに利用可能なOpenTelemetryインスタンスにLoggerProviderを登録できます（APIが安定するまではOpen TelemetryAPIインスタンスを通じて取得できないことに注意してください）。

```
# 空のプロバイダーのbuild()を直接呼び出すのと同等
SdkLoggerProvider loggerProvider = SdkLoggerProvider.builder()
  .setResource(Resource.getDefault())
  .setClock(Clock.getDefault())
  .setLogLimits(LogLimits::getDefault)
  .build();

OpenTelemetry openTelemetry = OpenTelemetrySdk.builder()
  .setLoggerProvider(loggerProvider)
  .buildAndRegisterGlobal();
```

Javaエージェントは、エクスポーターのログ設定（次節で詳述）やログ属性の制限を自動設定を介して公開しています。属性の制限は、otel.attribute.value.length.limitとotel.attribute.count.limitのシステムプロパティ（または同等の環境変数）

を介して設定できます。これらはスパン、スパンイベント、スパンリンク、ログ全体に適用されますが、スパン関連の設定は6章で説明したように、特別に設定することができます。

8.3.1　ログのプロセッサーとエクスポーター

前述の図8-2では、ログのアペンダーがLogging APIとどのように相互作用するかの例を示しました。ログレコードがロガーを通じて発行されると、onEmit()メソッドが、LogRecordProcessorインターフェイスを実装する1つまたは複数の登録されたプロセッサーで呼び出されます。これらのプロセッサーは、必要に応じてLogRecordExporterを使用して、ログレコードを目的の転送フォーマットに変換し、エクスポートできます。

Tracing APIと同様に、Logging APIは2つの組み込みプロセッサーを提供します。

- SimpleLogRecordProcessor：ログやイベントが到着するとすぐ、個別にエクスポートします。ロギングシステムのスループットの観点から、これは本番システムでは使用しないでください
- BatchLogRecordProcessor：ログやイベントをバッチで処理し、エクスポート失敗時のバッファとして機能するキューに追加します。エクスポート失敗が継続する場合や高スループットによりキューが満杯になると、ログはキューからドロップされ始めます。設定はBatchSpanProcessor（詳細は6章）と同様で、デフォルトのエクスポート遅延が200ミリ秒に設定されている点以外は、同じデフォルト値を使用します。執筆時点では、この設定はJavaエージェントのシステムプロパティからは利用できませんが、SPI経由で設定可能です。バッチプロセッサーが設定されると、MeterProviderインスタンスを渡して、キューサイズや処理されたイベントサイズなどのメトリクスを生成し、プロパティ調整に役立てられます

これらのプロセッサーの両方とも、ログをエクスポートするためにLogRecordExporterを必要とします。Javaでは、これらのエクスポーターは対応するopentelemetry-exporter-{exporter} Mavenアーティファクトで提供されます。次の例では、opentelemetry-exporter-loggingパッケージで提供される標準出力エクスポーター（アペンダーが設定されている場合、ロギングのループを回避するためjava.util.loggingは使用していません）を備えたシンプルプロセッサーと、

opentelemetry-exporter-otlpパッケージで提供されるOTLP gRPCエクスポーターを備えたバッチプロセッサーを使用しています。

```
SdkLoggerProvider loggerProvider = SdkLoggerProvider
  .builder()
  .setResource(resource)
  .addLogRecordProcessor(BatchLogRecordProcessor
    .builder(OtlpGrpcLogRecordExporter
      .builder()
      .setEndpoint("http://otel-collector:4317")
      .build())
    .setMeterProvider(meterProvider)
    .setMaxQueueSize(10240)
    .build())
  .addLogRecordProcessor(SimpleLogRecordProcessor
    .create(SystemOutLogRecordExporter.create()))
  .build();
```

Javaエージェントでは、otel.logs.exporterプロパティを使用して、これら2つのエクスポーターを自動設定できます。プロパティのデフォルト値はnoneで、ログはエクスポートされません。設定可能なオプションは以下の通りです。

- logging：前述の例に従って、シンプルログレコードプロセッサーと標準出力エクスポーターを設定します
- otlp：OTLP gRPCエクスポーターを使用してバッチプロセッサーを設定します。個々のエクスポーターのプロパティは、otel.exporter.otlp.logs.*のプレフィックスが付いたキー（例：エンドポイント、TLSなど）や、すべてのOTLPエクスポーターに影響を与えるotel.exporter.otlp.*のプレフィックスが付いたキーを通じて設定可能です。また、自動設定されたMeterProviderを使用してメトリクスが生成されます

8.4　ログフレームワークとの統合

OpenTelemetryは、ログフレームワークの計装を次の2つの方法で提供します。

- アペンダー：JavaのLogback、Log4j、JBoss Loggingのようなフレームワークと統合できるログハンドラーやアペンダー。ログシグナルの使用が安定すると、他の言語やフレームワーク向けのハンドラーやアペンダーが利用可能になります。これら

はOpenTelemetry APIを使用してログを発行し、設定したLoggerProviderによって処理されます

● **コンテキスト注入**：アクティブなコンテキストを使用してSpanContext情報をJavaのMDC、NodeのWinstonフック、Pythonのログレコードファクトリーのような、標準的なログフレームワークに注入できる計装ライブラリ。これにより、ログ設定を変更することなく、従来のログとトレースを相関させることができます。本章で前述したように、追加の変更は不要です

4章のdropwizard-exampleでは、logback-appenderとlogback-mdcの計装パッケージがすでに有効になっています（デフォルトですべての計装が有効です）。トレースIDとスパンIDがログに表示されなかった理由は、例で使用しているログフォーマッターがMDC値を出力しないためです。Dropwizardでは、これはブートストラッププロセスの一部としてメインプロセスにパラメーターとして渡されるexample.ymlファイルで設定できます。その中のloggingセクションで、ログフォーマットとしてtrace_id、span_id、trace_flagsフィールドを使用できます。

```
logging:
  appenders:
    - type: console
      logFormat: "%-6level [%d{HH:mm:ss.SSS}]
        [%t] %logger{5} - %X{code} %msg
        trace_id=%X{trace_id} span_id=%X{span_id}
        trace_flags=%X{trace_flags}%n"
```

Docker Composeスタック（例で定義されているOTLPとlogsパイプラインを含む）を実行することで、アプリケーションディレクトリに戻り、アプリケーションを起動できます。OTLPを有効にしてこのアペンダーが発行するログをエクスポートする（デフォルトでは無効）には、追加のプロパティを1つ渡す必要があります。

```
# Dropwizard-exampleディレクトリに移動
cd dropwizard-example

# アプリケーションの起動
java -javaagent:opentelemetry-javaagent.jar \
  -Dotel.service.name=dropwizard-example \
  -Dotel.logs.exporter=otlp \
  -jar target/dropwizard-example-2.1.1.jar \
  server example.yml
```

初期化中に生成されたログにspan_idやtrace_idが含まれないのは想定通りで、ログが生成される時点でアクティブなスパンコンテキストがないためです。これらのフィールドを持つログメッセージを生成するには、ブラウザでhttp://localhost:8080/hello-world/date?date=2023-01-15を開きます。これにより、パラメーターとして渡された日付が返され、次のようなログ行が出力されます。

```
INFO [18:09:00.888] [dw-65 - GET /hello-world/date?date=2023-01-15]
c.e.h.r.HelloWorldResource - Received a date: 2023-01-15 trace_id=6e62f
4d5927df8bb790ad7990d9af516 span_id=2409065755502df3 trace_flags=01
```

コレクターでは、OTLPでレコードを受信しバッチ処理してコンソールにエクスポートするlogsパイプラインを構成するように設定されていました。そのログを確認することで、ログがどのようにコレクターへ到達したかがわかります。

```
2023-01-16T16:09:01.031Z info ResourceLog #0
Resource SchemaURL: https://opentelemetry.io/schemas/1.16.0

Resource attributes:
     -> host.arch: STRING(x86_64)
     ...
     -> telemetry.sdk.version: STRING(1.21.0)
ScopeLogs #0
ScopeLogs SchemaURL:
InstrumentationScope com.example.helloworld.resources.HelloWorldResource
LogRecord #0
ObservedTimestamp: 1970-01-01 00:00:00 +0000 UTC
Timestamp: 2023-01-16 16:09:00.888 +0000 UTC
Severity: INFO
Body: Received a date: 2023-01-15
Trace ID: 6e62f4d5927df8bb790ad7990d9af516 Span ID: 2409065755502df3
Flags: 1
```

このOpenTelemetry Collectorは、これらのログを収集し、サポートされているさまざまな形式でログバックエンドにエクスポートするように設定できます。

8.5 まとめ

本章では、OpenTelemetry Loggingの基本と、このシグナルが多数の既存ログフレームワークをサポートするために採用しているアプローチについて説明しました。Logging APIが構造化されたログやイベントを発行する方法や、SDKと計装パッケージ

を設定して従来のログにトレースコンテキストを補強し、OpenTelemetry Collectorにエクスポートする方法を見てきました。このシグナルは現在開発中であり、本章で説明したほとんどの概念は将来のリリースで変更されることはありませんが、シグナルが安定版として宣言されるまでは、小さな互換性のない変更が許容されています。

これで、ここまでの章で取り上げたバゲッジ、トレース、メトリクスとともに、最後の主要なOpenTelemetryシグナルについてカバーしました。次章では、OpenTelemetryのもっとも有用なツールの1つであるOpenTelemetry Collectorを探ります。コレクターを使用することで、一元化したポイントでデータを取り込み、処理し、変換し、他のオブザーバビリティフレームワークやプラットフォームと統合できます。

9章
プロトコルとコレクター

　ここまでの4つの章では、OpenTelemetry APIとそのSDK実装に焦点を当て、アプリケーション所有者が複数のテレメトリーエクスポーターを選択できるようにすることで、プロジェクトのコアバリューの1つである相互運用性がどのように実現されているかを説明しました。特定のバックエンドに依存するエクスポーターは、通常、単一のシグナルのみをサポートし、すべてのOpenTelemetry機能のサブセットしかサポートしません。すべてのシグナルと機能をサポートする標準的なデータ交換フォーマットを提供するために、OpenTelemetry Protocol（OTLP）が提案されました。このプロトコルの人気は着実に増加しており、多くのオブザーバビリティベンダーやテレメトリーバックエンドが自社のプラットフォームにネイティブサポートを追加しています。個々の貢献に加え、これらのことによってOTLPはOpenTelemetryで計装されたエコシステムでもっともサポートされている転送フォーマットとなっています。本章では、このプロトコルの主要な特徴を学びます。

　OTLPは通常、OpenTelemetryを使用するアプリケーションに推奨されるエクスポーターですが、現在すべてのシステムがOpenTelemetryで計装されているわけではなく、すべてのバックエンドがOTLPを受け入れるわけでもありません。本章では、そのようなシナリオに対応し、テレメトリーデータの取り込み、変換、処理、転送の高度な機能を提供するための、OpenTelemetry Collectorも紹介します。

9.1　プロトコル

　OTLP（OpenTelemetry Protocol）は、すべてのOpenTelemetryシグナルをサポートするネイティブなデータ交換プロトコルを提供するためのソリューションとして作成さ

れました。この仕様は現在、トレース、メトリクス、ログに対して安定しており、以下の特徴を念頭に設計されています。

- **サポートされるノードおよびデータタイプ**：プロトコルはすべてのOpenTelemetryシグナル（トレース、メトリクス、ログ）をサポートしており、アプリケーション、エージェント、テレメトリーバックエンド間でデータを転送するために使用できます
- **後方互換性**：一般的なOpenTelemetryの設計ガイドラインに従い、OTLPのバージョンは後方互換性を持ち、異なるバージョンの複数のコンポーネント間の通信を容易にします
- **スループット**：テレメトリーデータは非常に高いスループットを持つことがあり、特にOpenTelemetry Collectorとオブザーバビリティバックエンド間で、しばしば異なるデータセンター間で転送されます。このプロトコルは、高スループットデータを高遅延ネットワークで配信できるように設計されています
- **バッチ処理、圧縮、暗号化**：OTLPは、テレメトリーデータをイベント（データポイント、スパン、ログレコードなど）のコレクションにバッチ処理し、それらを高い圧縮率を達成できるアルゴリズム（例：gzip）を用いて圧縮することができます。データは、暗号化の業界標準（例：TLS/HTTPS）を使用して転送されます
- **信頼性、バックプレッシャーシグナル、スロットリング**：プロトコルは、クライアント（例：アプリケーションやコレクター）とサーバー（例：コレクターやテレメトリーバックエンド）間の、信頼性の高いデータ配信を確保するために設計されています。これは、サーバーからクライアントへのデータ確認応答を介して達成され、単一のクライアントとサーバーのペア間でデータが失われないようにします。クライアントはまた、一時的なエラーコードでリトライ戦略を取らせたり、バックプレッシャーシグナルでサーバーが現在のスループットを処理できないことをクライアントに示して、サーバーの健全性に影響を与えないようにスロットルする必要があることを促すなど、他のシグナルに対応することもあります
- **シリアライズとメモリ使用量**：プロトコルは、シリアライズやデシリアライズにともなうメモリ使用量とガベージコレクションの要件を最小限に抑えることを目指しています。また、OpenTelemetry Collectorのユースケースをサポートするために、非常に高速なパススルーモード（データの変更が必要ない場合）、テレメトリーデータへの迅速な負荷情報の追加や、部分的な検査をサポートするように設計されて

います

- **レイヤー7ロードバランシング**：プロトコルは、L7ロードバランサーが異なるテレメトリーデータのバッチ間でトラフィックをリバランスすることを可能にします。長時間の接続のためにトラフィックを1つのサーバーに固定しないことで、ロードバランサーの背後でサーバー負荷の不均衡を回避できます

リクエストの確認応答が常に受信されるとは限りません（例：ネットワーク途絶の場合）。この場合、テレメトリーデータの特性から、OTLPはサーバー側で重複する可能性よりも、データが配信されることの確認を優先します。すなわち、応答が受信できなかったリクエストは再試行される可能性があります。

これまでの章では、複数の例でエクスポーターの実装として、gRPCを介したOTLPを使用しました。OTLP/gRPCエクスポーターとレシーバーは最初に導入されたものです。gRPCのサポートは、最初のOTLP仕様提案であるOTEP 0035に当初から含まれており、実装が可能であれば今でも推奨される転送プロトコルです。これは、前述の機能の一部がgRPCにネイティブにサポートされているためです（例：バックプレッシャーのようなフロー制御メカニズム）。最近では、gRPCが適用できないユースケース（例：ブラウザ）をサポートするために、OTLP/HTTP仕様が追加されました。転送やエンコーディングに関係なく、ペイロードはProtocol Buffers（Protobuf）スキーマで定義されています。これらのスキーマとそのリリース状況は、https://github.com/open-telemetry/opentelemetry-protoで確認できます。

9.1.1 OTLP/gRPC

クライアントがサーバーにテレメトリーデータを送信する際に、順次、各エクスポートリクエストが確認されるのを待ちながら送信する方法と、複数の並行したUnary呼び出し[†1]を並行して管理する方法があります。前者はクライアントとサーバー間のレイテンシーが問題にならない単純なケースでのみ推奨されますが、後者は高レイテンシー環境（例：リージョン間やデータセンター間でのデータエクスポート）で高スループットを実現するために使用されます。並行度のレベルは設定できるのが一般的です。たと

---

†1　翻訳注：Unary呼び出しとは、引数が1つである呼び出しのこと。https://w.wiki/Atsoも参照。

えば、OpenTelemetry Collectorでは、送信キューと、そのキューから読み出しを行う設定可能な数のコンシューマーを利用して、バッチを個別に処理します。

サーバーから送信される各応答には、リクエストがどのように処理されたかをクライアントに通知する情報が含まれます。

- **完全な成功**：エクスポートされたすべてのテレメトリーがサーバーに受け入れられました
- **部分的な成功**：リクエスト内の一部のテレメトリーがサーバーに受け入れられませんでした。この場合、サーバーはクライアントに対して、何個のデータポイント、スパン、またはログが拒否されたか、その理由（例：タイムスタンプがない）を通知します。これにより、クライアント/サーバーの実装は、メトリクスやその他のテレメトリーの形で、アプリケーションの所有者や運用担当者がデータの問題を修正するために使用できる情報を提供することができます。部分的な成功に終わったリクエストは再試行されません
- **失敗**：テレメトリーデータがサーバーに受け入れられませんでした。これは、サーバー側の一時的なエラー（例：タイムアウト）や、テレメトリーデータが処理できないことを示すエラー（例：デシリアライズできない）によるもので、データを破棄する必要があります。再試行可能なgRPCエラーコードの一覧は以下の通りです
    - CANCELLED
    - DEADLINE_EXCEEDED
    - RESOURCE_EXHAUSTED（ステータスにRetryInfoが含まれる場合のみ）
    - ABORTED
    - OUT_OF_RANGE
    - UNAVAILABLE
    - DATA_LOSS

失敗したリクエストが再試行可能な場合、gRPCクライアントは通常、指数バックオフ戦略を実装します。この戦略では、再試行の間に増分の待機時間を追加し、サーバーが潜在的な飽和状態から回復するのを待ちます。場合によっては、サーバーがUNAVAILABLEやRESOURCE_EXHAUSTEDの応答ステータスにRetryInfoを追加することでバックプレッシャーを示すことがあります。これには、クライアントが次のリクエストを送信するまでに守るべき推奨される再試行待機時間が含まれます。

9.1.2 OTLP/HTTP

すべてのテレメトリークライアントがgRPCやHTTP/2を実装できるわけではありません。たとえば、ウェブブラウザのAPIは、ネイティブにgRPCを実装するために必要な細かいリクエスト制御を持っておらず、通常、gRPCサーバーと通信するためにHTTP-gRPC変換プロキシに依存しています。他のクライアントやネットワークコンポーネントも、gRPCの使用を制限する場合があります。こうしたケースに対応するために、OTEP 0099が作成され、OTLPのHTTP/1.1およびHTTP/2転送のサポートが追加されました。

OTLP/HTTPは、gRPCバリアントと同じProtobufスキーマを使用します。これらは、proto3エンコーディング標準を使用してバイナリ形式でエンコードされ、リクエストヘッダー Content-Type: application/x-protobufが示されるか、JSONマッピングを使用してJSON形式でエンコードされ、リクエストヘッダー Content-Type: application/jsonで示されます。

各シグナルには、それぞれのバイナリ/JSONエンコードされたProtobufを受け入れるための、POSTリクエストのデフォルトURLパスが設定されています。

- /v1/traces
- /v1/metrics
- /v1/logs

gRPCに関して前述した、完全な成功、部分的な成功、失敗応答に関する概念は、該当するProtobufエンコードされたサーバー応答でも適用されます。クライアントは、ステータスコードHTTP 400 Bad Requestが返されない限りリクエストを再試行し、関連する指数バックオフ戦略を実装する必要があります。バックプレッシャーを実装するために、サーバーはレスポンスコードHTTP 429 Too Many RequestsやHTTP 503 Service Unavailableとともに、Retry-Afterレスポンスヘッダーを含めることがあります。これには、次の再試行までの待機秒数が含まれます。

9.1.3 エクスポーターの設定

前章で見たように、OTLPエクスポーターはその動作を設定するためのオプションを提供します。これらのオプションの一部は自明なもので、証明書やクライアントファイルのファイルパス、リクエストに含めるヘッダー、圧縮、タイムアウトオプションなど

があります。しかし、OTEL_EXPORTER_OTLP_PROTOCOL（または同等のJavaシステムプロパティ）の値によっては、いくつか考慮する価値があります。この設定オプションの値は、（実装に応じて）grpc、http/protobuf、http/jsonのいずれかです。

プロトコルがgrpcの場合、OTEL_EXPORTER_OTLP_ENDPOINTオプション（もしくは、TRACES、METRICS、LOGSのシグナルごとに、OTEL_EXPORTER_OTLP_<SIGNAL>_ENDPOINTで設定を上書きできます）で設定されたエンドポイントには、特別な意味があります。たとえば、Javaのような一部の実装では、gRPC接続がセキュアであるかどうかは、この設定だけで示されます。エンドポイントURLのスキームがhttpsの場合、セキュアな接続が確立され、オプションとして適切な設定オプションで指定された証明書が使用されます。スキームがhttpの場合、非セキュアな接続が確立されます。Nodeなどの一部の実装では、エンドポイントURLにスキームが提供されていない場合に適用されるOTEL_EXPORTER_OTLP_INSECUREブールオプション（またはシグナル固有のオーバーライド）を指定できます。これが有効になっている場合、エンドポイントURLにスキームがない場合（例：otel-collector:4317）、非セキュアな接続が確立されます。

プロトコルがhttp/protobufまたはhttp/jsonの場合、OTEL_EXPORTER_OTLP_ENDPOINT設定オプションは、各シグナルに対して最終的なURLを構成するために使用されます。たとえば、OTLPエンドポイントがhttp://otel-collector:4317の場合、次のURLが使用されます。

- http://otel-collector:4317/v1/traces
- http://otel-collector:4317/v1/metrics
- http://otel-collector:4317/v1/logs

シグナル固有の設定（例：OTEL_EXPORTER_OTLP_TRACES_ENDPOINT）が使用される場合は、パスを含む完全なURLを指定する必要があります。

9.2 コレクター

OTLPとプロトコルを実装するOpenTelemetryエクスポーターはパフォーマンスと信頼性を考慮して設計されており、言語やフレームワークを超えたテレメトリー転送の標準となることを目指しています。各言語のコアSDKディストリビューションの一部

として、開発者コミュニティの幅広いメリットを享受しており、コミュニティには、現在OTLPをデータ取り込みプロトコルとしてサポートするオブザーバビリティベンダーやテレメトリープラットフォームなどで新しい機能のメンテナンスや開発を行う開発者も含まれています。しかし、テレメトリー転送の現実ははるかに多様であり、サービスが異なるクライアントやフォーマットを使用して各シグナルタイプをエクスポートしたり、データを変換する複数のエージェントやコンテナサイドカー、特定のテレメトリーフォーマットしか受け入れないバックエンドがあったりします。

OpenTelemetry Collectorは、**ベンダーに依存しない**ソリューションを提供し、幅広い既存のテレメトリーフォーマットやプロトコルでデータを受信、処理、エクスポートすることができます。これにより、異なるクライアントで計装されたシステムを、同じ転送パイプラインのセットに統合できるようになります。また、テレメトリーデータをエクスポートする前に、データをフィルタリング、集約、補強できるテレメトリーデータプロセッサーを備えており、単一の標準転送フォーマットしか存在しない環境でも役立つことがあります。

図9-1は、OpenTelemetry Collectorの主なコンポーネント（レシーバー、プロセッサー、エクスポーター）と、これらが異なるシナリオをサポートするためにテレメトリーパイプラインにどのように配置されるかを示しています。パイプラインは通常、1つ以上のレシーバーから始まり、一連のプロセッサーを通過し、1つ以上のエクスポーターに「拡散」します。同じレシーバー、プロセッサー、エクスポーターの定義を、複数のパイプラインで使用できます。

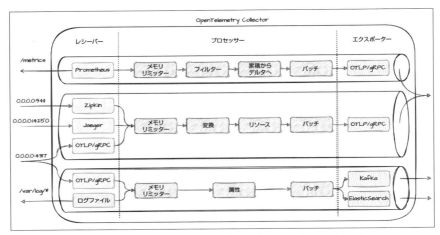

図9-1：OpenTelemetry Collectorにおける複数のテレメトリーパイプラインの例

これらのコンポーネントとパイプラインは、本章で詳述する拡張機能やその他の設定とともに、単一のYAML構成ファイルで定義されます。以下はその構成例です。

```
receivers:
  otlp:
    protocols:
      grpc:

processors:
  batch:
  memory_limiter:
    check_interval: 1s
    limit_percentage: 75
    spike_limit_percentage: 10

exporters:
  otlp:
    endpoint: otel-collector:4386
    tls:
      insecure: true
  prometheusremotewrite:
    endpoint: http://prometheus:9090/api/v1/write

extensions:
  health_check:
  zpages:

service:
```

```
    extensions: [health_check, zpages]
    telemetry:
      metrics:
        address: 0.0.0.0:8888
    pipelines:
      traces:
        receivers: [otlp]
        processors: [memory_limiter, batch]
        exporters: [otlp]
      metrics:
        receivers: [otlp]
        processors: [memory_limiter, batch]
        exporters: [otlp, prometheusremotewrite]
```

同じタイプのコンポーネントのインスタンスを複数作成することもでき、通常はそれ
ぞれ異なるプロパティを設定します。たとえば、以下の構成では、異なるポートとTLS
設定で2つのotlpレシーバーを作成します。

```
receivers:
  otlp:
    protocols:
      grpc:
        tls:
          cert_file: server.crt
          key_file: server.key
  otlp/differentport:
    protocols:
      grpc:
        endpoint: 0.0.0.0:4319
```

これらは後に、パイプラインで固有の名前を参照して使用されます。この例では、
otlpとotlp/differentportです。

```
service:
  pipelines:
    traces:
      receivers: [otlp]
      processors: [memory_limiter, batch]
      exporters: [otlp]
    metrics:
      receivers: [otlp/differentport]
      processors: [memory_limiter, batch]
      exporters: [otlp]
```

プロセッサー、拡張機能、エクスポーターなどの他のコンポーネントでも、同様の命
名形式が適用されます。

OpenTelemetryプロジェクトでは、コレクターと複数のコンポーネントのコードベースを含む、2つの主要なリポジトリを管理しています。

- https://github.com/open-telemetry/opentelemetry-collector：コアリポジトリであり、汎用プロセッサー、標準プロトコル（OTLPなど）と連携するレシーバーとエクスポーターが含まれています。
- https://github.com/open-telemetry/opentelemetry-collector-contrib：複数のユースケース向けのオプションのプロセッサーをホストし、多くの一般的なオープンソースフレームワークやベンダー固有のフォーマットに対応したテレメトリーの、受信とエクスポートをサポートしています。コレクターのcontribバージョンのリリースには、コアコンポーネントも含まれます。

OpenTelemetry Collectorのステータスは、設定されたパイプライン内で使用される個々のコンポーネントやシグナルに依存します。執筆時点では、たとえばotlpレシーバーはメトリクスとトレースに対しては安定版、ログに対してはベータ版とされています。各コンポーネントのドキュメントには、サポートされているデータタイプ[2]と、それぞれのステータスが記載されています。

9.2.1　デプロイ

OpenTelemetry Collectorは、小さなGoバイナリ（またはバイナリを含むDockerイメージ）として配布されており、高いパフォーマンスを発揮し、一般的な要件に対応するためにカスタム設定を簡単に適用できるように設計されています。コレクターを実行するには、主に以下の2つのモードがあります。

- **エージェント**：コレクターはアプリケーションと同じホスト上、またはその横（例：サイドカーコンテナやデーモンプロセスとして）で実行され、データを受信したり、ローカルの対象をスクレイピングしたり、テレメトリーを補強したりして、他のバックエンドにエクスポートします。
- **ゲートウェイ**：コレクターは単独で、水平スケーラブルなサービスとして実行され、すべてのデータを集中管理するビューを提供し、クラスター、リージョン、もしくはアカウント内のすべてのテレメトリーに対してサードパーティープロバイダーに

---

†2　翻訳注：metrics/trace/logなどのテレメトリーデータの型のこと。

対する設定の中央管理や認証ポイントを提供します。

これらのデプロイモデルについては、10章で、分散トレースのサンプリングとともに詳しく探ります。

Docker

4章では、Docker Composeを使用して最初のOpenTelemetry Collectorをデプロイしました。その際は次の、パブリックで利用可能なイメージの1つを使用しました。

- **DockerHub**：`otel/opentelemetry-collector[-contrib]`
- **ghcr.io**：`ghcr.io/open-telemetry/opentelemetry-collector-releases/opentelemetry-collector[-contrib]`

カスタム設定をロードするためには、マウントされたボリュームを指すように--configフラグを引数としてコレクターを起動できます。

```
otel-collector:
  image: otel/opentelemetry-collector
  command: ["--config=/etc/otel-config.yaml"]
  volumes:
    - ./otel-config.yaml:/etc/otel-config.yaml
  ports:
    - "4317:4317" # OTLP gRPC
```

Kubernetesでは、公式Helmチャート内でこれらのイメージを使用することもでき、リポジトリはhttps://open-telemetry.github.io/opentelemetry-helm-chartsにホストされています（ソースはhttps://github.com/open-telemetry/opentelemetry-helm-chartsにあります）。このリポジトリには2つのチャートが含まれています[3]。

- **opentelemetry-collector**：コレクターをKubernetesの`deployment`や`statefulset`（ゲートウェイモード）、もしくは`daemonset`（エージェントモード）としてデプロイする標準的な方法を提供し、必要なすべての設定（例：config map、ボリューム、HPA、クラスターロール、サービスモニターなど）を含みます。
- **opentelemetry-operator**：`OpenTelemetryCollector`カスタムリソース定義（CRD）

---

†3　翻訳注：翻訳時点では、この他3つのチャートがあります。https://github.com/open-telemetry/opentelemetry-helm-charts

を介して定義されたコレクターをデプロイできるKubernetesオペレーター。この
オペレーターはopentelemetry-collectorチャートのデプロイメントモードに加
え、ポッド作成時にコレクターをコンテナサイドカーとして自動的に注入できる
MutatingAdmissionWebhook を提供します。これにより、メインアプリケーション
コンテナ外のコンテナにテレメトリーエクスポートをできるだけ早くオフロードで
きるようになります。

Linux、macOS、Windowsのパッケージ

コアとcontribディストリビューションのスタンドアローンパッケージはhttps://
github.com/open-telemetry/opentelemetry-collector-releases/releasesで入手できま
す。これには以下が含まれます。

- **Linux**：Linuxのamd64/arm64/i386システム向けのAPK、DEB、およびRPMパッ
  ケージ。インストール後にカスタマイズ可能な構成ファイルを/etc/otelcol/
  config.yamlにインストールします。これは自動的に作成されるotelcolsystemd
  サービスで使用されるデフォルトですが、オプションとして/etc/otelcol/
  otelcol.conf内のOTELCOL_OPTIONS変数を変更することで設定できます[4]
- **macOS**：IntelおよびARMベースのシステムと互換性のあるgzip圧縮された
  tarball。解凍後、生成されるotelcol実行ファイルを希望するインストールディレ
  クトリに配置する必要があります
- **Windows**：otelcol.exe実行ファイルを含むgzip圧縮されたtarball

9.2.2　レシーバー

OpenTelemetry Collectorのすべてのテレメトリーパイプラインにはレシーバーが少
なくとも1つ必要であり、レシーバーはメトリクスやトレースなど複数のシグナルから
データを取り込み、それをメモリ内表現に変換して、さらなる処理を行います。

パイプラインには複数のレシーバーを配置でき、また、1つのレシーバーを複数のパ
イプラインの一部として使用することもできます。その場合、取り込まれたテレメト
リーデータは、各パイプラインの次のコンポーネントに「分散」されます。レシーバー

---

[4]　翻訳注：contribディストリビューションの場合は、それぞれ/etc/otelcol-contrib/config.
yaml、/etc/otelcol-contrib/otelcol-contrib.confにインストールされます。

には、テレメトリーをどこから取得するかを設定するプルベース（例：prometheus、filelog）のものと、受信リクエストをリッスンするポートとアドレスにバインドするプッシュベース（例：otlp、zipkin）のものがあります。レシーバーの全リストとステータスや設定オプションは、上記のコアとcontribのGitHubリポジトリの/receiverパスで確認できます。

コレクターの設定ファイルでは、レシーバーはreceiversブロック内に定義されます（注意：少なくとも1つのパイプラインに含まれるまでは、レシーバーは有効になりません）。opencensusレシーバーのような一部のレシーバーはデフォルト設定で動作し、単にリストすることでポート55678を待ち受けるように設定できます。

```
receivers:
  opencensus:
```

その他のレシーバー、特にプルベースのものはより多くの設定が必要な場合があります。たとえば、prometheusレシーバーはconfigを定義する必要があります。これには、Prometheusインスタンスでもともとサポートされているscrape_configブロックと同等のオプションがすべてサポートされており、OpenTelemetry CollectorがPrometheusターゲットのスクレイピングを行うための代替手段となります。

```
receivers:
  prometheus:
    config:
      scrape_configs:
        - job_name: 'otel-collector'
          scrape_interval: 5s
          static_configs:
            - targets: ['0.0.0.0:8888']
```

10章では、prometheusレシーバーでスクレイピング対象を設定するためのいくつかのオプションを探ります。これにより、コレクターのstatefulsetsが水平スケーリングでき、ターゲットが複数のコレクターによってスクレイプされないようにすることができます。

執筆時点では、OpenTelemetry Collectorのcontribディストリビューションには77種類のレシーバーがあります。一方で、コアディストリビューションにはotlpレシーバーが1つだけ含まれています。このレシーバーは、gRPCとHTTPの転送に対応しており、protocols設定にそれぞれを指定することで有効化できます。

```
receivers:
  otlp:
    protocols:
      grpc:
      http:
```

　有効化すると、デフォルト設定でgRPCを0.0.0.0:4317、HTTPを0.0.0.0:4318で
待ち受けるサーバーが起動します。これは、両方のプロトコルでサポートされている
endpointオプションで設定できます。それぞれのプロトコルには、TLS、mTLS、接続
バッファ、並行ストリームなどの接続に関連する設定も追加できます。オプションの詳
細は、GitHub上の関連するエクスポーターのドキュメントに記載されています。

9.2.3　プロセッサー

　データが受信され、メモリ内のデータ構造に変換された後は、通常、次のパイプラ
インコンポーネントであるプロセッサーに渡されます。プロセッサーはパイプライン内
で定義された順序で実行され、渡されたテレメトリーデータに何らかの処理をしたり、
パイプライン自体に処理を行ったりします。プロセッサーはオプションのコンポーネン
トであり、レシーバーをエクスポーターに直接接続するパイプラインを定義することも
可能ですが、強く推奨されるプロセッサーがいくつかあります。プロセッサーはコアと
contribリポジトリの/processorパスに含まれています。これらのプロセッサーにはそ
れぞれ、ステータス、設定オプション、プロセッサーが適用できるシグナル（すべての
プロセッサーがすべてのシグナルに適用できるわけではありません）に関するドキュメ
ントが含まれています。

　テレメトリーデータの変更や補強を行う機能に加え、特定のプロセッサーはテレメト
リーパイプラインにおける汎用的なデータフロー管理機能も提供します。プロセッサー
は、テレメトリーデータを変更する意図を示すプロパティを公開することで、コレク
ターにレシーバーから出力されたデータがパイプラインの最初のプロセッサーに渡され
る前にそのデータを複製すべきか否かが通知されます。これにより、同じレシーバーに
接続された個々のパイプラインにはそれぞれ独立したデータのコピーが確保され、デー
タの変更を行うパイプライン内の各プロセッサーはその機能の実行中にデータの完全な
所有権を持つことができます。また、データの変更を行うプロセッサーを含まない（ま
た、データの変更を行うレシーバーに属さない）パイプラインでは、すべてのコンポー
ネントが同じ共有データ表現にアクセスできるため、より軽量なデータ管理アプローチ

を提供できます。

コアのOpenTelemetry Collectorディストリビューションには2つの推奨プロセッサー、memory_limiterとbatchがあります。プロセッサーは受信したテレメトリーに対して順次実行されるため、パイプライン内での配置順序が重要です。図9-2は、これらのプロセッサーをcontribディストリビューションに含まれる他のプロセッサーと比較して、推奨される配置順序を示しています。

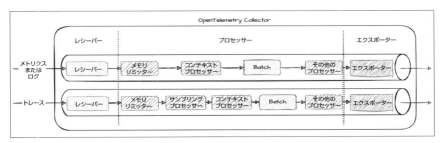

図9-2：テレメトリーパイプライン内のプロセッサーの、推奨される配置順序

memory_limiterプロセッサーは、コレクタープロセスがメモリ不足に陥り、基盤となるオペレーションシステムやオーケストレーションフレームワークによってプロセスが強制終了されることを防ぎます。これは、メモリ消費を定期的にチェックし、特定のソフトリミットやハードリミットに達した場合に適切な対応を取ることで実現しています。これらのリミットは、limit_mb（またはlimit_percentage）とspike_limit_mb（またはspike_limit_percentage）プロパティで設定できます。スパイクリミットは、limit_mb - spike_limit_mbをソフトリミットとして計算するために使用されます。

ソフトリミットに達した場合、プロセッサーはパイプライン内の手前のコンポーネントにエラーを返し始めます。これはレシーバーであることが推奨されますが、その場合、データはパイプラインによって拒否され、このコレクターにテレメトリーをエクスポートしているクライアントは、必要に応じてリクエストを再試行できるようにする適切なバックプレッシャー応答を受け取ります。ハードリミットに達した場合、プロセッサーはデータを拒否し続けることに加えて、ガベージコレクションサイクルを強制的に実行し、メモリ消費量を削減しようとします。

memory_limiterプロセッサーは、定義されている個々のパイプラインのメモリ使用量ではなく、コレクター全体のメモリ使用量を考慮することが重要です。ただし、各パ

イプラインに対して異なるしきい値やチェック間隔を持つ複数のmemory_limiterプロセッサーを定義することもできます。

もう1つの推奨されるコアプロセッサーはbatchプロセッサーで、スパン、メトリクス、ログレコードをバッチにグループ化することで、パイプラインに接続されたエクスポーターのスループットを削減するのに役立ちます。OpenTelemetry Collectorは、しばしばサービスから少量のデータを受信したりプルしたりしますが、スループットが非常に高くなりがちです。たとえば、クラスター内のすべてのポッドが同じコレクターのデプロイメントにスパンを送信している場合があります。そのようなリクエストの各スパンがコレクターパイプラインを通過し、個別にエクスポートされた場合、ネットワーク接続の非効率な使用につながります。これを解決するために、バッチプロセッサーはパイプライン内で待機する最小バッチサイズ（send_batch_size）と最大待機時間（timeout）を定義し、データをメモリ内でバッチ処理します。いずれかのしきい値に達すると、バッチプロセッサーは現在のバッチを次のコンポーネントに渡します。また、send_batch_max_sizeはデフォルトでは無効になっていますが、特定のバックエンドやネットワークコンポーネントが課す最大ペイロードサイズの要件を満たすために設定することも可能です。

batchプロセッサーは複数のソースからデータを集約できるため、テレメトリーのソースに関する情報を抽出するために、もともとのレシーバー側に存在するリクエストContextを使用するプロセッサーの後に配置することが重要です。たとえばk8sattributesプロセッサーは、クライアントのIPアドレスを使用してポッド名やネームスペースなどの情報を取得し、それを処理したテレメトリーに注入します。このコンテキストは、テレメトリーがバッチ処理された後の、下流のプロセッサーでは利用できなくなります。同様の理由から、batchプロセッサーは最適なバッチサイズを達成するために、サンプリングプロセッサーの後に使用することも重要です。

OpenTelemetry Collectorのcontribディストリビューションには、テレメトリーをさまざまな方法で処理するための多く（執筆時点で21種類）のプロセッサーが含まれています。たとえば、属性の変更（例：attributes、k8sattributes、transform、resource）、フィルタリングやサンプリング（例：filter、probabilisticsampler、tailsampling）、メトリクスの集約（例：cumulativetodelta、deltatorate、metrics

9.2　コレクター　**181**

transform、spanmetrics^{†5}）などがあります。

9.2.4　エクスポーター

OpenTelemetry Collectorの主な用途の1つは、テレメトリーを1つ以上のバックエンドにエクスポートすることであり、しばしば受信したテレメトリーとは異なる形式で送られます。エクスポーターは定義されたパイプラインからデータを受け取り、それをテレメトリーバックエンドや他のコレクターに送信します。パイプラインには1つ以上のエクスポーターを含める必要があり（つまり、エクスポーターがないパイプラインは許可されません）、また、エクスポーターは1つ以上のパイプラインに宣言できます。

エクスポーターは、テレメトリーを送信したり書き込んだりする場所を指定する設定が必要になるプッシュベース（例：otlp、jaeger^{†6}、prometheusremotewrite）と、設定したポートでテレメトリーデータを公開するプルベース（例：prometheus）のものがあります。

執筆時点で、コレクターのcontribディストリビューションには42種類のエクスポーターがバンドルされており、それぞれが異なるレベルの成熟度で1つ以上のシグナルタイプをサポートしています。コアディストリビューションのコレクターにはlogging^{†7}、otlp、otlphttpの3つのエクスポーターが含まれています。これらは、contribとコアの両方のリポジトリで/exporterパスにあります。

4章では、Docker Composeスタック内で使用されるコレクターにloggingエクスポーターを設定し、8章では、アプリケーションがエクスポートしたログを可視化するためにこのエクスポーターを使用しました。このエクスポーターはデバッグシナリオで非常に役立ちます。たとえば、verbosityプロパティをdetailedに設定して、特定のパイ

---

†5　翻訳注：翻訳時点でspanmetricsはプロセッサーはspanmetricsコネクター（https://github.com/open-telemetry/opentelemetry-collector-contrib/tree/main/connector/spanmetricsconnector）によって置き換えられています。コネクターは原書の執筆以降に追加されたコンポーネントで、たとえばログやスパンの数を数えてメトリクスにしたり、特定条件のテレメトリーを別パイプラインに送ったりできます。詳しくはhttps://github.com/open-telemetry/opentelemetry-collector/blob/main/connector/README.mdを参照。

†6　翻訳注：jaeger exporterはJaegerがOTLPに準拠したタイミングでOpenTelemetry Collectorから削除されています。https://github.com/open-telemetry/opentelemetry-collector-contrib/blob/main/CHANGELOG.md#deprecations–33

†7　翻訳注：原書の執筆時点では、loggingエクスポーターと呼ばれていましたが、翻訳時点ではdebugエクスポーターに名前が変わっています。詳細はhttps://github.com/open-telemetry/opentelemetry-collector/tree/main/exporter/debugexporterを確認してください。

プラインで処理されているテレメトリーを可視化できます。どちらにせよ、通常は本番環境では使用されません。

　他のコレクターやテレメトリーバックエンドに対してOTLP形式でデータをエクスポートするために、コアディストリビューションでは、対応するgRPCやHTTP転送用のotlpとotlphttpエクスポーターも提供しています。

　otlpエクスポーターには、2つの必須の設定プロパティがあります。

- endpoint：gRPC経由でOTLPデータを送信するための[<scheme>://]<host>:<port>。「9.1.2 OTLP/HTTP」で説明した[†8]ように、スキームを指定している場合（例：https://otel-collector:4317）、tls.insecure設定を上書きします
- tls：エクスポーターのTLS設定（デフォルトで有効）。この設定は、多くのエクスポーターやレシーバーに共通しており、詳細はhttps://github.com/open-telemetry/opentelemetry-collector/blob/main/config/configtls/README.mdで文書化されています

　加えて、エクスポーターでは他のレシーバーやエクスポーターに共通するgRPC設定を構成することができ、詳細はhttps://github.com/open-telemetry/opentelemetry-collector/blob/main/config/configgrpc/README.mdで文書化されています。

　一方、otlphttpエクスポーターにはendpoint設定プロパティのみが必要です。生成されるURLは、「9.1.2 OTLP/HTTP」で詳述された規約に従います。つまり、エンドポイントにパスが含まれていない場合、シグナルタイプに応じて関連するパスが追加されます（例：/v1/traces）。オプションで、otlphttpエクスポーターは、TLS、タイムアウト、読み書きバッファ、シグナルタイプごとの個別エンドポイントなど、接続に関するその他の設定ができます。

　エクスポーターの種類によって、メモリ要件が異なります。たとえば、プルベースのエクスポーターであるprometheusエクスポーターは、累積的な時間的集約を提供するために、合計値やヒストグラムの値を追跡する必要があります。公開されるメトリクスのカーディナリティが高いほど、このエクスポーターに必要なメモリ容量も高くなります。期限切れのメトリクスをメモリに保持し続けないためにmetric_expiration設定

---

†8　翻訳注：具体的には「9.1.3 エクスポーターの設定」の項で説明されています。

を提供しており、デフォルトは5分で、データを受信しない時系列を期限切れとマークするまでの待機時間を制御できます。

プッシュベースのエクスポーター、たとえばotlpやotlphttpでは、テレメトリーのエクスポート中に発生する一時的なサービス中断の影響を軽減するために、キューイングと再試行のメカニズムを実装する必要があります。この課題に対する標準的なアプローチをすべてのエクスポーターに提供するため、コアパッケージはエクスポーターの共通機能を実装するエクスポーターヘルパーを提供しており、どのエクスポーターでも使用できます。このヘルパーは、これらのメカニズムを制御するための共通設定を公開しており、詳細はhttps://github.com/open-telemetry/opentelemetry-collector/blob/main/exporter/exporterhelper/README.mdで文書化されています。

図9-3は、プッシュベースのOpenTelemetryエクスポーター内での、キューイングとリトライの主な動作を要約しています。各テレメトリーデータバッチを個別にエクスポートし、送信先からリトライ可能なエラーを受信した場合、設定した間隔でリクエストをリトライします。送信キューが有効になっている場合（デフォルトでは有効）、後でリトライが可能な、失敗したバッチはキューに追加され、新しいコンシューマーが処理します。したがって、キューサイズが大きいほど一時的なサービス中断に対する余裕が増え、エラーが発生したときのメモリ消費量も増えます。

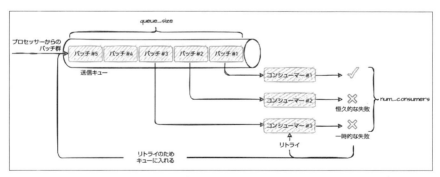

図9-3：OpenTelemetryエクスポーター内でのキューイングとリトライ

キューが満杯になると、失敗したエクスポートはキューに追加されず、結果としてデータが永久に失われます。後述のテレメトリーの節では、これらのプロパティを適切に調整するためのメトリクスをOpenTelemetry Collectorがどう生成しているかについて説明します。

9.2.5　エクステンション

OpenTelemetry Collectorは、テレメトリーパイプライン以外の機能も提供しており、特定のシナリオではコレクターインスタンスを運用するために役立つ場合があります。そのような拡張機能はextensions設定ブロックで構成され、次節で示すように、service.extensionsプロパティで宣言することで有効にできます。それらのステータスやドキュメントは、それぞれのリポジトリの/extensionパスにあります。

拡張機能の例として、ヒープスペースを事前に割り当てることでコレクターで発生するガベージコレクションの量を最適化するmemory_ballast[†9]や、複数のコンポーネントのライブデバッグデータを提供するzpages、HTTPエンドポイントを有効にして（通常はKubernetesなどのオーケストレーションシステムによって）コレクターインスタンスの稼働状態と準備状況を確認できるhealthcheck[†10]などがあります。

9.2.6　サービス

OpenTelemetry Collectorの設定のserviceセクションでは、有効化するコンポーネントと、テレメトリーパイプライン内でそれらをどう配置するかを定義します。本章で前述したように、serviceセクションには以下の3つのプロパティが含まれています。

- extensions：有効にするエクステンションのリストで、関連するextensionsブロックで宣言と設定をする必要があります
- telemetry：コレクターインスタンス自体のテレメトリー計装に関するさまざまな設定をします
- pipelines：各シグナルタイプごとにさまざまなテレメトリーパイプラインを設定します

[†9]　翻訳注：翻訳時点ではmemory_ballastは削除されています。経緯はhttps://github.com/open-telemetry/opentelemetry-collector/issues/8343を参照してください。代わりに、memory_limitプロセッサーの使用と合わせて環境変数GOMEMLIMITを指定することが推奨されています。詳細はhttps://github.com/open-telemetry/opentelemetry-collector/tree/main/processor/memorylimiterprocessorを参照してください。

[†10]　翻訳注：翻訳時点では、healthcheckエクステンションはバグを含むため、利用が推奨されていません。詳細はhttps://github.com/open-telemetry/opentelemetry-collector-contrib/blob/main/extension/healthcheckextension/README.mdを参照してください。

パイプライン

service.pipelinesセクションでは、設定ファイルで宣言したさまざまなレシーバー、プロセッサー、エクスポーターがテレメトリーパイプライン内でどのように配置されるかを定義します。各パイプラインは1つのシグナルタイプ（traces、metrics、logs）のデータのみを処理しますが、同じシグナルタイプに対して複数のパイプラインを定義できます。命名形式は他のコンポーネントの複数インスタンスを定義する場合と同様に、<signal>[/name]という形式で定義できます。たとえば、次の設定では、トレース用に2つの別々のパイプラインを定義しています。

```
service:
  pipelines:
    traces:
      receivers: [otlp]
      processors: [memory_limiter, batch]
      exporters: [logging, otlp]
    traces/jaeger:
      receivers: [otlp]
      processors: [memory_limiter, batch]
      exporters: [jaeger]
```

上記のotlpレシーバーのような複数のパイプラインに含まれるレシーバーは、受信したデータを構成したすべてのパイプラインに「分散」させ、場合によっては（特にパイプラインに変換プロセッサーを含む場合）メモリ内でデータを複製して、各パイプラインがデータを独立して処理できるようにします。データが取り込まれると、定義された順序でプロセッサーからプロセッサーへと渡され、最終的に、それぞれ独自の設定をしたいくつものエクスポーターで並行してエクスポートされます。

テレメトリー

OpenTelemetry Collectorの運用は、他のサービスやアプリケーションの運用と変わりません。その動作を監視し、信頼性の高いサービスを維持するために必要なアクションを（手動や自動で）適用するためには、内部状態を公開するテレメトリーが必要です。この目的を達成するために、OpenTelemetry Collectorでは、service.telemetryセクションで定義された、標準で提供される特定の機能が設定できます。

- resource：エクスポートするテレメトリーに含めるリソース属性を設定できます
- metrics：設定したアドレスで、Prometheus形式でメトリクスを公開しますlevel

（none、basic、normal、detailed）で、収集されたメトリクスに追加する指標とディメンションの数を制御します

- logs：GoのZapロガーの設定を制御します。設定はzap.Configの設定と互換性があります
- traces：OpenTelemetry Collectorがトレースコンテキストを下流のコンポーネントに伝搬することを許可します。バッチプロセッサーを使用している場合、コンテキストはレシーバーからエクスポーターには伝搬されません

次の例は、これらの設定オプションの一部を示すtelemetry定義のサンプルです。

```
service:
  telemetry:
    resource:
      service.name: my-collector
    metrics:
      level: normal
      address: 0.0.0.0:8888
    logs:
      level: DEBUG
      development: true
    traces:
      propagators: [tracecontext, b3]
```

コレクターインスタンスで監視するもっとも重要なメトリクスには、CPU使用率やスロットリング、ヒープやメモリ使用量などの計算機リソースに関するメトリクスに加えて、レシーバーやエクスポーターに関連するものがあります。各メトリクスには、対象となるreceiverやexporterを示すタグが含まれており、また、メトリクス名には<type>が含まれ、spans、metric_points、log_recordsの値が入ります。

- otelcol_exporter_queue_capacity：特定のエクスポーターの再試行キューの最大容量
- otelcol_exporter_queue_size：特定のエクスポーターの再試行キューの現在のサイズ。このメトリクスがキャパシティに近い場合、まもなくデータがドロップされる可能性があることを示します
- otelcol_exporter_enqueue_failed_<type>：送信キューにデータを追加できなかったことを示します。通常、キューが満杯のために追加できず、データがドロップされます。これは回復不可能なエラーであり、コレクターのログメッセージにも記録されます

- `otelcol_exporter_send_failed_<type>`：データのエクスポート中に発生したエラーを示します。キューが満杯でない限り（またはキューイングが無効でない限り）データ損失を意味するわけではありませんが、持続的にエラーが起こっている場合、データがエクスポートされるバックエンドとの通信に問題があるか、データ自体に問題があることを示しています

- `otelcol_exporter_sent_<type>`：エクスポーターが送信したスパン、データポイント、またはログレコードの数

- `otelcol_receiver_accepted_<type>`：レシーバーが受信したスパン、データポイント、またはログレコードの数

- `otelcol_receiver_refused_<type>`：このメトリクスが0より大きい場合、特定のレシーバーがテレメトリーを受け入れておらず、クライアントにエラーを返していることを示します。このメトリクスが増加する場合は通常、`memory_limiter`が作動しており、現在のデータが処理されてメモリ使用量が減少するまで、コレクターがこれ以上のテレメトリーを受け入れないことを示しています

これらのメトリクスを監視することで、OpenTelemetry Collectorの運用担当者は、`memory_limiter`や送信キューをサポートするエクスポーターを適切に調整したり、コレクターインスタンスが受信するスループットへ対処するのに必要なリソースを割り当てることができます。

9.3　まとめ

本章では、テレメトリーシステムにおけるデータ転送の標準として、OTLP（OpenTelemetryプロトコル）を紹介しました。プロトコルの主な特徴と、クライアントとサーバーがgRPCおよびHTTP転送を介して実装し、信頼性の高いサービスを提供する方法について説明しました。また、OpenTelemetry Collectorの主要なコンポーネントについて探求しました。これはオブザーバビリティエンジニアやアプリケーション所有者にとって非常に有用なコンポーネントであり、高いパフォーマンスでテレメトリーデータを集約、変換、補強、エクスポートするためのソリューションを提供しています。

OpenTelemetry SDKで実装されているプロセッサーやエクスポーターとともに、OpenTelemetry Collectorは、チームや組織のデータ処理要件を満たし、高速で信頼性の高いパイプラインを提供しながら、転送、計算、ストレージコストを削減するために

188 | 9章　プロトコルとコレクター

必要な最後の要素です。これについては10章で詳しく説明します。まずはトレースデータの利点の1つである高度なサンプリング技術から見ていきましょう。

10章
サンプリングと
一般的なデプロイモデル

OpenTelemetry Collectorの柔軟性は非常に高く評価されています。9章で見たように、さまざまなテレメトリーデータ処理技術やデプロイパターンを使用して、多くの場面でのテレメトリー転送シナリオに対応できます。本章では、クラウドネイティブ環境におけるもっとも一般的なデプロイモデルのいくつかを、OpenTelemetryを使用して計装されたサービスと、そうでないサービスの両方を考慮に入れながら探っていきます。これらのツールを念頭に置きながら、オブザーバビリティを高めつつ、高額な転送コストやストレージコストを回避するために役立つ、高度なトレースサンプリング技術についても探っていきます。

10.1　一般的なデプロイモデル

組織内でどのテレメトリーバックエンドやオブザーバビリティプラットフォームを選択するかは、通常、コスト、機能セット、レガシーシステムのサポートなどの要因によって左右されます。しかし本書を通じて、OpenTelemetryがテレメトリーをバックエンドにどのようにエクスポートするかの決定をアプリケーション所有者に委ねると同時に、基盤となる計装には影響を与えないことを見てきました。とはいえ、選択肢が多すぎるため、OpenTelemetryを組織に導入して、新しい要件や既存の要件をサポートするさまざまな方法を視覚化するのが難しい場合があります。以下の例で、クラウドネイティブ環境におけるもっとも一般的なデプロイモデルの一部と、それらのメリットや課題について説明していきます。

まずは**図10-1**に示すような、OpenTelemetryが導入されていないシステムから説明します。テレメトリー処理とエクスポートパイプラインに焦点を当てるため、その保

存やクエリーではなく、すべてのテレメトリーは最終的に外部のオブザーバビリティプラットフォームにエクスポートされるものと仮定します。このオブザーバビリティプラットフォームは、サードパーティーベンダーや、クラスター外にデプロイされたオープンソースソリューションでもかまいません。

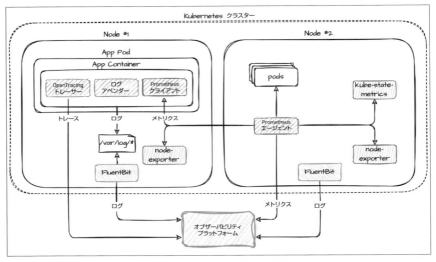

図10-1：OpenTelemetry導入前のテレメトリーパイプラインの例

　この例では、Kubernetesクラスターで実行しているアプリケーションがPrometheusクライアントを使用してメトリクスを生成します。これらのメトリクスは、node-exporterやkube-state-metricsなどの一般的なPrometheusメトリクスプロデューサーとともに、Prometheus互換エージェント（多くの場合、PrometheusインスタンスがこのPrometheus役割を担います）によって収集されます。アプリケーションログは標準出力と標準エラー出力に出力され、コンテナランタイムが同じノード上のローカルファイルにリダイレクトし、そこからFluentBitエージェントでテイル[†1]しています。そしてトレースは、ベンダー固有のOpenTracingトレーサー実装を使用して、トレースを直接バックエンドにエクスポートしています。

[†1]　翻訳注：ここで言うテイル（tail）とは、ログファイルの末尾に追加される行を継続的に処理すること。

10.1.1　コレクターなしモデル

　OpenTelemetry Collectorはこの章を通じて探っていく多くの理由から推奨されるコンポーネントですが、OpenTelemetryを実装するために絶対に必要というわけではありません。図10-2のように、前述のアプリケーションの計装をOpenTelemetry APIを使って標準化し、OpenTelemetry SDKを使用してデータをオブザーバビリティプラットフォームに直接エクスポートできます。ここまでの章で見たように、他のコンポーネントに変更を加えることなく、代わりにPrometheusと互換性のあるエンドポイントをスクレイピングできるようにSDKを構成することもできます。また、OpenTelemetry計装の利点を活用しながら、標準出力のログアペンダーを使用し続けることも可能です（ログが安定版と宣言されるまでは推奨されます）。

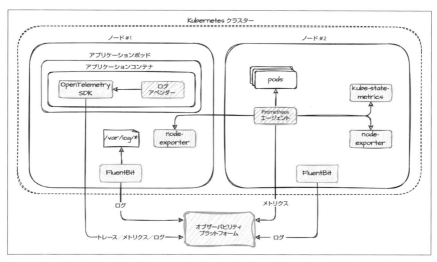

図10-2：Kubernetesクラスターにおけるコレクターなしのデプロイモデル

このようなKubernetes環境では、標準出力/標準エラー出力のログアペンダーを維持することで、`kubectl`などのKubernetesネイティブツールとの統合が向上したり、マルチテナントクラスターでのログ管理において標準的なアプローチを提供するなど、他の利点もあります。

　このアプローチの利点は、追加のコンポーネントを維持する必要がなく、シンプルで

あることです。必要なのはOpenTelemetry SDKレベルでの構成のみで、テレメトリーデータを必要なフォーマットでエクスポートできます。しかし、いくつかの欠点もあります。

- アプリケーションコンテナは、バッチ処理、圧縮、リトライなど、テレメトリーデータの集約や処理にともなうコストを負担します。通常は無視できる程度ですが、アプリケーションが高負荷で、メトリクスがもっとも必要となる場面（アプリケーションが不調なとき）で、メトリクスの収集やエクスポートが影響を受ける可能性があります。テレメトリーエクスポーターが使用する送信キューは、バックエンドが不安定な場合にメモリ使用量を増加させることがあります
- 設定を集中管理するポイントがないため、バックエンドのURL、認証、プロトコル、その他の設定など、クラスター内のすべてのサービスに影響を与えるエクスポートオプションの変更を展開するのが難しくなります
- データ処理を集中管理するデータ管理パイプラインがないため、アプリケーションの生成するテレメトリーには必要な属性がすべて含まれ、適切な形式、集約方法、カーディナリティ、テンポラリティである必要があります
- OpenTelemetryで計装したアプリケーションは複数の形式でデータをエクスポートできますが、OpenTelemetryで計装されていないコンポーネントのデータを収集してエクスポートするには、他のエージェントを実行する必要があります

10.1.2　ノードエージェントモデル

各ノードで稼働するOpenTelemetry Collectorエージェントを使用することで、前述のいくつかの欠点を回避できます。このモデルを**図10-3**に示しています。Kubernetesでは通常、daemonsetとしてデプロイします。これらのエージェントは、Prometheusエンドポイントやログファイルなどのローカルターゲットからテレメトリーをエクスポートし、直接テレメトリーバックエンドに送信できます。9章で紹介したopentelemetry-collectorHelmチャートを使用する場合、次のmodeオプションをチャートの値に設定してチャートをインストールすることで、デプロイできます。

```
mode: daemonset
  presets:
    logsCollection:
      enabled: true
  kubernetesAttributes:
```

```
enabled: true
```

このpresets設定では、エージェントモードで通常使用されるいくつかの一般的なパイプラインを設定し、コンテナログファイルからログを収集し、Kubernetes APIから取得した情報に基づいて、テレメトリー生成元に関するリソース属性を自動的に追加するために必要なレシーバーとプロセッサーを有効にします。

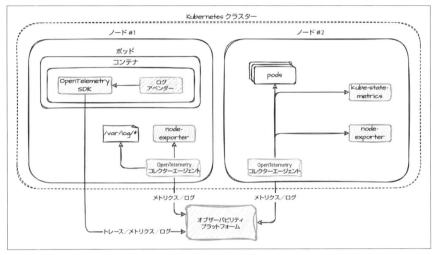

図10-3：KubernetesクラスターにおけるOpenTelemetry Collectorエージェントモデル

この例では、node-exporterとkube-state-metricsを稼働させたままテレメトリーをエクスポートすることに焦点を当てましたが、OpenTelemetry Collectorはnode-exporterやkube-state-metricsと同様の機能を提供するhostmetrics、kubeletstats、k8scluster（重複を避けるために単一レプリカで実行）などのレシーバーも提供します。コレクターと同じノードで稼働しているポッドのみ（クラスター内のすべてのポッドではなく）をスクレイプするようにprometheusレシーバーを設定するには、コレクターポッドの仕様からノード名を環境変数として渡し、その値をPrometheusサービスディスカバリーのセレクターで使用することができます。これを行うためのチャート値は次の通りです。

```
extraEnvs:
- name: NODE_NAME
```

```
  valueFrom:
    fieldRef:
      fieldPath: spec.nodeName
config:
  receivers:
    prometheus:
      config:
scrape_configs:
- job_name: k8s
scrape_interval: 10s
kubernetes_sd_configs:
  - role: pod
    selectors:
    - role: pod
      field: spec.nodeName=$NODE_NAME
relabel_configs:
  - source_labels: [__meta_kubernetes_pod_annotation_prometheus_ io_scrape]
    regex: "true"
    action: keep
  - source_labels: [__address__, ↵
                    __meta_kubernetes_pod_annotation_prometheus_io_scrape_port]
    action: replace
    regex: ([^:]+)(?::\d+)?;(\d+)
    replacement: $$1:$$2
    target_label: __address__
```

　この設定により、ポッドをスクレイプするかどうか、また、どのポートでスクレイプ
するか、不要なスクレイピングを削減するかをポッドのアノテーションを使用して指定
することも可能になります。ポッドはprometheus.io/scrape=trueの場合のみスクレ
イプされ、prometheus.io/scrape_portで指定されたポートの/metricsパスでスクレ
イプされます。

　テレメトリーのエクスポートを可能にすることに加えて、すべてのノードにエージェ
ントとしてコレクターをデプロイすることで、インフラストラクチャの運用担当者に
とって特に次のような価値を提供します。

- 異なるテレメトリータイプに対して複数のエージェントを維持する必要がなくなり、
  運用担当者のメンテナンス作業が軽減されます。異なるフレームワークによってエ
  クスポートされたテレメトリーを標準的な方法で収集し、望ましいバックエンドに
  エクスポートできます

- OpenTelemetry Collectorは、ノードレベルでテレメトリーをスクレイプするための
  軽量で高性能なアプローチを提供し、テレメトリーパイプライン内のリグレッショ

ンや障害の影響範囲を縮小します

● コレクターがデフォルトのリソース情報をテレメトリーに追加することで、テレメ
トリーを処理して補強することができます

しかし、これらの利点はアプリケーション所有者にとっては明確ではないかもしれま
せん。アプリケーションは依然としてアプリケーションコンテナ内でテレメトリーのエ
クスポートや設定を処理する必要があり、コレクターなしモデルで前述したのと同じ課
題が残ります。

10.1.3　サイドカーエージェントモデル

OpenTelemetry Collectorをコンテナのサイドカーとしてデプロイできます。メイ
ンのアプリケーションコンテナと並んで配置され、テレメトリーを処理してエクス
ポートするために、最小限の計算機リソースを消費します。このモデルを**図10-4**で
示しています。サイドカーコンテナは、アプリケーション所有者がポッド定義の一
部として手動で定義したり、9章で紹介したopentelemetry-operatorが提供する
MutatingAdmissionWebhookを介して自動的に注入することもできます。アプリケー
ションはOTLPなどの標準形式でテレメトリーをデフォルトのローカルエンドポイント
にエクスポートし、その後、サイドカーでテレメトリーの処理とエクスポートを設定し
ます。

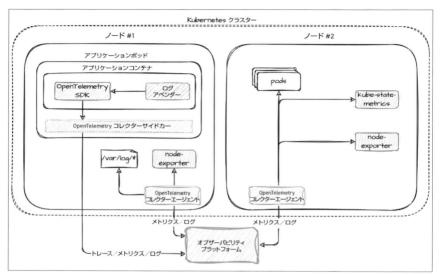

図10-4：KubernetesクラスターにおけるOpenTelemetry Collectorサイドカーモデル

コレクターサイドカーの使用には、アプリケーション所有者やKubernetes管理者にとって多くの利点があります。

- アプリケーションコンテナは、集約、送信キュー、圧縮などを処理する必要がありません。これにより、テレメトリーパイプラインがアプリケーションから可能な限り早期に分離され、アプリケーションの過負荷がテレメトリーエクスポートに与える影響が軽減されます。その逆も同様です
- コレクターは、テレメトリーデータを環境のリソース属性で補強したり、アプリケーションが生成したデータに対してエクスポート前に他の変換を適用したりできます。この設定は、アプリケーションの計装とは独立して適用できます
- opentelemetry-operatorを使用することで、クラスター全体に適用できる設定を一元管理して、アプリケーションポッドに自動的に注入できます。マルチテナントクラスター内のアプリケーション所有者は、コアOpenTelemetryライブラリを使用してOTLPエクスポーターを構成し、コレクターを頼りにして、希望する形式でテレメトリーをエクスポートできます

これらの利点により、コレクターサイドカーの使用が正当化されます。それにもかか

わらず、いくつかの欠点を考慮する必要があります。

- 同じコンテナ仕様に基づいて自動的に注入されるコレクターサイドカーを使用することで設定を一元化することは可能ですが、エクスポートパイプラインに変更を展開するのは依然として困難です変更を適用するにはアプリケーションを再デプロイするか、ポッドを再作成する必要があります
- データ全体にわたる処理ができません。そのためサンプリングや（制限やセキュリティ関連の設定などの）変換処理をグローバルに適用するために、特定のプロセッサーが必要となる場合があります
- クラスターやデプロイメントのサイズによっては、サイドカーの使用がコンピューティングリソースの非効率的な使用につながる可能性があります。たとえば、100ミリのCPU時間と128MBのメモリを要求するコレクターは、数万のポッドがあるクラスターではかなりの量の予約を占める可能性があります。さらに、すべてのデータを共通のポイントに集約することで、テレメトリーバックエンドでのネットワーク転送と接続管理が最適化される可能性があります

10.1.4　ゲートウェイモデル

ゲートウェイモデルは、アプリケーション（または他のコレクター）とオブザーバビリティプラットフォームやテレメトリーバックエンドの間にファネル[†2]を配置し、テレメトリーを一元的に処理できるようにします。このモデルを**図10-5**で示しています。

---

†2　翻訳注：原文は「funnel」でじょうごのこと。データを集約するための機構。

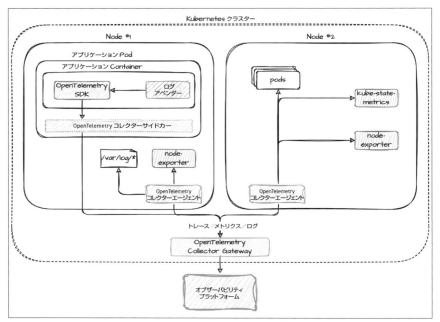

図 10-5：Kubernetes クラスターにおける OpenTelemetry Collector ゲートウェイモデル

opentelemetry-collector Helm チャートを使用する場合、チャートの値の deployment または statefulset モードを使用して、ゲートウェイをデプロイできます。たとえば次のようになります。

```
mode: deployment
replicaCount: 3
autoscaling:
  enabled: true
  minReplicas: 3
  maxReplicas: 20
  targetCPUUtilizationPercentage: 60
```

この値では、最小3つのレプリカと最大20のレプリカを持つKubernetesのデプロイメントを構成し、全ポッド間で60%の平均CPU使用率を維持するように水平スケーリングされます。このようにデプロイされたコレクターはステートレスであり、エフェメラルボリュームのストレージを使用します。ポッドの再起動時に状態を保持する必要がある機能（たとえば、ポッドが正常に終了しなかった場合でもキュー内のデータを

保持できるotlpエクスポーターの永続キューなど）を活用するために、Helmチャートはstatefulsetデプロイメントモードも提供しています。これにより、Kubernetesの Persistent Volume Claims（PVC）を使用して、同じポッドの再起動時に再利用されるバックアップボリュームがプロビジョニングされます。

　ゲートウェイとしてのコレクターは、プッシュベースのエクスポーターを使用してデフォルトのクラスター内エンドポイントにテレメトリーを送信するアプリケーション、サイドカー、エージェントからデータを受信するのに便利です。一方、プルベースのエクスポーターは、ゲートウェイとしてデプロイされたコレクターにとってターゲット割り当てが課題になります。特別な設定を行わない場合、デフォルトのKubernetesサービスディスカバリーを使用するPrometheusレシーバーを設定したすべてのコレクターはクラスター内のすべてのポッドをスクレイピングすることになり、複数のコレクターが同じターゲットをスクレイピングすると、データが重複することになります。これを解決するために、opentelemetry-operatorはTargetAllocatorというオプションのコンポーネントを現在開発しており、利用可能なOpenTelemetry Collector間でスクレイプ対象を分散します。これをprometheusレシーバーの設定で使用すると、静的な設定ではなく、動的にスクレイプ対象を取得して、特定のターゲットが同時に1つのコレクターレプリカによってのみスクレイプされるようになります。

　テレメトリープロデューサーとバックエンドの間にゲートウェイを配置することには多くの利点があります。

- テレメトリーエクスポートの「最後のホップ」を構成するための中心的な場所を提供します。これにより、クラスター内のテレメトリーは、バックエンドの移行やエクスポート形式の変更など、外部の変更から保護されます。アプリケーション所有者やKubernetes運用担当者は、OTLPやPrometheusなど、標準的な方法でそれぞれのコンポーネントからテレメトリーをエクスポートし、コレクターゲートウェイで提供されるデフォルトのエンドポイントに向けることができます。これにより、目的のテレメトリーバックエンドに適切な形式に変換してエクスポートできます
- データの全体像を把握できるようにします。これは高度なサンプリング技術や、ポリシーや制限をコントロールするなど、エクスポートする前にデータへアクセスすることで恩恵を受けるプロセッサーに必要なものです
- クラスターのトポロジーやデプロイメントの規模などによっては、アプリケーション所有者がサイドカーを使用せず、ローカルのゲートウェイのデプロイメント（望

ましくは同一アベイラビリティゾーン内) に依存して、テレメトリーをエクスポートすることもできます

組織内のすべてのテレメトリーに共通のエンドポイントを提供し、特定のインスタンスに対して最適もしくはもっとも近いコレクターゲートウェイに解決されるようにすると、テレメトリーバックエンドに変更が加えられた際でもチームの移行要件を最小限に抑えられます。

　新しいサービスの維持にはさらにエンジニアリング面での努力が必要なことは事実ですが、その利点はコストを上回ります。中規模から大規模の組織ではテレメトリー整備チームを持ち、コレクターゲートウェイの背後で一元管理されたテレメトリーパイプラインをサポートするなどの業務を担当させることができます。11章と12章で見ていくように、ビジネス、技術スタック、またはサードパーティーサービスで不可避な変更が発生したときに、これらのチームに費やされたエンジニアリングの労力はすぐに回収できます。

10.2　トレースサンプリング

　6章で触れたように、一定以上の規模で本番トラフィックを処理するデプロイメントでは、トレースサンプリングが必要です。収集されるテレメトリーデータの量は技術的にも財務的にも大きな負担となる可能性があります。それは、トレース計装がサービス間のテレメトリーコンテキストを相関付け、シグナル間のトランザクション相関の基礎を作り上げることを可能にする高い粒度のインサイトを提供することに焦点を当てているためです。さらに、ほとんどのデータはシステムが期待通りに動作しているときに通常通りキャプチャされますが、これはトレースやログの主な目的であるデバッグにおいて、あまり重要ではありません。

　統計学でサンプリングとは、統計的な母集団から一部の集合を選択して、全体の母集団の特性を推定するプロセスを指します。母集団の信頼性の高い代表値を得るためのアプローチはいくつかありますが、一般的には確率サンプリングと非確率サンプリングの手法に分けることができます。**確率サンプリング**では、すべての要素が一定の確率で選択されます。要素の特性によって選択確率は異なりますが、事前に定められた確率があります。たとえば、10本あるリンゴの木から1本、10本ある梨の木から2本を

無作為に選んだ場合、特定のリンゴまたは梨が特定の木から採れたものである確率（リンゴの場合は10%、梨の場合は20%）がわかります。

一方、**非確率サンプリング**では、要素が選択されるかどうかは事前に把握できない外部要因の影響を受けます。非確率サンプリングの一形態である目的サンプリングは、母集団内で特定の特性を持つグループに焦点を当て、そのグループに偏ったサンプリングを行うことで、ケーススタディを形成するために使用できます。たとえば、初夏に落ちるリンゴや梨を調査して、果物の生産に影響を与えたり樹木の炭水化物が不足していることを示したりするとき、先の例のように無作為に樹木を選ぶのではなく、6月に（北半球で）最初に落ちたリンゴ1個、もしくは梨2個を選ぶことができます。しかし、剪定、土壌の栄養分、天候など、さまざまな要因が影響するため、もはや特定のリンゴがどの木から落ちたのかを計算するのは容易ではありません。その結果、「このリンゴがこの木から実った確率は？」という質問に、信頼性を持って答えることはできません。もっともひどく影響を受けた木は選ばれる可能性が高くなり、6月の落果がない木、つまり選ばれる可能性がゼロの木もあるかもしれません。

オブザーバビリティにおいて考慮すべき母集団は、システムで処理されたスパン、ログ、またはデータポイントの集合を指します。通常、実装は確率サンプリングの方が簡単です。従来のログのような一部のシグナルについては、たいてい、それが唯一可能な選択肢です。ログレコードは個別に考慮され、属性に基づいて保存するかどうかが決まります（例：エラーログは100%、デバッグログは10%を保存するなど）。一方、トレースでは、トレースコンテキスト情報を考慮に入れることで、特定のスパンを保持するかどうかを決定する高度なサンプリングメカニズムが利用できます。たとえば、親がサンプリングされた場合、その情報がトレースコンテキストとともに渡されるため、子スパンもサンプリングするかどうかを決定できます。これにより、単独の操作ではなく、サンプリングされたトレースに関わるさまざまなサービスや操作の、文脈に沿った全体的なビューを得ることができます。確率サンプリングは、アプリケーション自体で早期に実装することも、テレメトリーをエクスポートする段階で、後からOpenTelemetry Collectorのプロセッサーを使用して実装することも可能です。

トレースでは、トレース全体の持続時間などの外部情報を使用して、トレースを保持すべきかどうかを決定することも可能です。これは通常、データの完全なビューを必要とするため、アプリケーションプロセス外、たとえばOpenTelemetry Collectorのような場所で発生する非確率サンプリングの一形態として行われます。この場合、特定の

トレースがサンプリングされる確率は事前にはわからず、外部要因に依存します。

10.2.1　確率サンプリング

OpenTelemetryで計装したシステムで設定がもっとも簡単なサンプリングの形式は、通常**ヘッドベースサンプリング**と呼ばれるもので、プロセス内で外部コンポーネントを必要とせずに行われます。この形式のサンプリングでは、トレース（またはスパン）が作成されるときに、サンプラーがその時点で利用可能な情報を使用して決定されます。これにより、トレーサーのオーバーヘッドを削減できるだけでなく、最終的なストレージや分析コストも削減できるという利点があります。Tracing APIは、スパンがエクスポートされて保存されるかどうかを決定するために、主に次の2つのプロパティを使用します。

- IsRecording：スパンがイベント、属性、ステータスなどを記録しているかどうかを示すスパンのプロパティです。スパンが記録状態ではないとき、SpanProcessorに渡されず、エクスポートされません。これは、APIに対してTracerProviderが設定されていない場合に使用されるデフォルトのno-opスパンタイプであり、特定のライブラリやアプリケーションのスパンを処理せずに、サービス間でコンテキストを正しく伝搬させたり、計装ライブラリを実装から切り離したりするのに役立ちます

- Sampled：6章で説明したW3C TraceContext仕様で示されているように、スパンIDやトレースIDのような他のフィールドとともに伝搬されるSpanContextのプロパティであり、スパンをエクスポートすべきかどうかを示します。スパンが記録されていても、サンプリングされない場合があります。その場合、スパンはSpanProcessorで処理されることがありますが、SpanExporterには転送されません。これにより、スパンを他のプロセッサーの機能で処理でき、たとえばスパンからメトリクスを生成したり、プロセス内で利用できたりします（たとえば、zPages経由で、単一レプリカのメモリ内テレメトリーを視覚化したりします。OpenTelemetryでの現在のステータスはexperimentalですが、以前はOpenCensusで利用されていたことがOpenCensusのドキュメント《https://opencensus.io/zpages》で文書化されています）

Tracing SDKを探った際、OpenTelemetryを導入したアプリケーション内の

TracerProviderを作成するタイミングでSamplerを設定でき、デフォルトのサンプラーは以下のサンプラーを設定するのと同等であることを確認しました。

```
SdkTracerProvider tracerProvider = SdkTracerProvider.builder()
  .setSampler(Sampler.parentBased(Sampler.alwaysOn()))
  .build();
```

このサンプラーはスパン作成時に呼び出され、トレースID、スパン名、親コンテキスト、スパンの種類、属性、リンクなど、特定のプロパティに基づいてサンプリング決定を行います。この決定により、スパンをサンプリングするか、記録するか、またはその両方かが決まります(ただし、IsRecordingではないスパンはプロセッサーに渡されないため、サンプリングされることはありません)。OpenTelemetryはいくつかの組み込みサンプラーを提供しています。

- AlwaysOn：常にサンプリングされる(つまり、記録される)スパンを返します
- AlwaysOff：常に記録されない(つまり、サンプリングされない)スパンを返します
- TraceIdRatioBased：スパンは、トレースIDとサンプルの割合を取る決定論的な関数の結果に応じてサンプリングされます(例：0.01はトレースの1%をサンプリングします)。関数の詳細はOpenTelemetry仕様でまだ詳細に説明されておらず、各言語で異なる方法で実装される可能性がありますが、サンプリングされるトレースの割合は指定された比率に従います
- ParentBased：複合サンプラーで、親スパンコンテキストが存在する場合、そのサンプリング決定を作成されるスパンに複製します。親が存在しない場合は、ルートサンプラーと呼ばれる他の設定済みサンプラー(サンプラー作成時に必要)を呼び出します。オプションで、親のローカル性(親がこのサービスで作成されたかどうか)やサンプリングフラグ(親がサンプリングされたかどうか)に応じて、異なるサンプラーを設定できます。デフォルトでは、親がサンプリングされた場合はAlwaysOn、サンプリングされなかった場合はAlwaysOffを使用します

これらの組み込みサンプラーを使用することで、保存するトレースの数を減らすための簡単なアプローチが提供されます。一部のスパンがサンプリングされ、一部がサンプリングされないトレースはオブザーバビリティを妨げる可能性があるため、これを回避するために、通常はParentBasedサンプラーが推奨されます。

トレースプラットフォームでサンプリングされなかった親を持つスパン(または他の

理由でエクスポートに失敗したスパン）は、孤立スパンとして表現されることがあります。孤立スパンがあると、図10-6のように、操作間の因果関係が破壊されたり、重要な操作が欠落したりするため、デバッグに支障をきたす可能性があります。

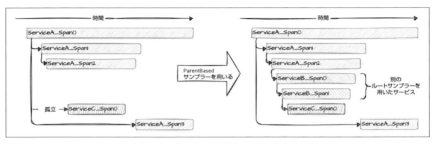

図10-6：ParentBasedサンプリングの欠如による孤立スパンを含むトレース

Tracestateを使った一貫した確率サンプリング

　ヘッドベースサンプリングでsampledフラグをトレースコンテキストとともに伝搬し、親スパンでのサンプリング決定を考慮することで、完全なトレースが作成されますが、それはまた、サービスの有効なサンプリング確率にも影響します。

　たとえば、サービスAが全トレースの12.5%をサンプリングするように設定されており、それはサービスBにとって唯一のクライアントであるとします。サービスBで全トレースの25%をサンプリングするように設定しても、ParentBasedサンプラーは親のサンプリング決定を尊重するため、結果としてサービスBでは12.5%のスパンしかサンプリングされません。これにより、サンプリングが発生する前にサービスが生成したもともとのスパン数を、スパンからメトリクスを数えるパイプラインで計算することが難しくなります。このスパン数は**調整後カウント**と呼ばれ、個々のスパンが代表する母集団内のスパンの数を示し、これは有効なサンプリング確率の逆数です。たとえば、サービスBのスパンは調整後カウントが8になり（親のサンプリング確率が12.5%で、サンプリングされていないスパン8つに対して1つのスパンがサンプリングされるため）、設定された比率の1対4とは異なります。親のサンプリング確率をトレースコンテキストとともに伝搬することで、スパンからメトリクスへのパイプラインでスパン数を正確に計算できるようになります。

　現在のTraceIdRatioBased定義がサポートしていない領域として、個々のサンプラーが独立してサンプリング決定を行うため、呼び出しチェーン内のサービスがサン

プリングを決定した後に、完全なトレースを生成することがあります。これまで見てきたように、サンプリングアルゴリズムの実装は仕様上定義されていないため、トレースの完全性を保証するには、呼び出された側のサービスすべてが呼び出し元と同じ以上のトレース比率で設定されていたとしても、トレースのルートからParentBasedサンプラーを使用する必要があります。そうでない場合、呼び出しチェーンの下流におけるサンプリング決定は実装に依存することになります。図10-7は、サービスAでトレースを12.5%でサンプリングし、そこから呼び出されるサービスBではトレースの25%をサンプリングするように設定したというシナリオです。サービスBが、サービスB以降で完全なトレースを取得できるように、追加の12.5%のトレースをサンプリングできるようにすることが望ましい場合があります（チェーンの下流のサービスが同じかそれ以上のサンプリング確率である場合）。

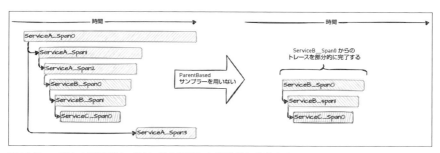

図10-7：一貫した確率サンプリングを使用した部分的に完全なトレース

これらの課題に対処するため、OpenTelemetry仕様では新しいConsistentProbabilityBasedサンプラーと、W3C TraceContext仕様のtracestateヘッダーの使用が提案されています。詳細はhttps://opentelemetry.io/docs/reference/specification/trace/tracestate-probability-samplingに記載されており、まだ実験的な段階にあるため変更される可能性はありますが、いくつかの実装（例：Javaではopentelemetry-java-contribリポジトリにて提供）ですでに利用可能です。このサンプラーは、伝搬される2つの値（p値とr値）を使用することで、一貫したヘッドベースサンプリングを可能にし、各サービスが独立してサンプリング決定を行えるようにします。

p値は0から63の間の値で、ConsistentProbabilityBasedサンプラーを作成するときに設定された親のサンプリング確率の負の2進対数を表します（63は0%の確率を表します）。これにより、可能なサンプリング確率は2の累乗に限定されます。

p値	サンプリング確率
0	1
1	1/2(50%)
2	1/4(25%)
…	…
n	2^{-n}
…	…
63	0

　たとえば、サービスAがp値として3を持つ場合、このサンプリング確率は12.5%（2^{-3}=0.125）を表します。このp値の取り得る範囲により、符号なしの小さな整数としてエンコードすることが可能になり、より小さなサンプリング比率を提供できます。ConsistentProbabilityBasedサンプラーを設定する際には2の累乗のサンプリング確率を選択することが推奨されますが、2の累乗以外の確率が指定された場合、サンプラーはもっとも近い値を選択します。このサンプラーがトレースをサンプリングすると決定した場合、このp値がtracestateに含まれ、呼び出し先に伝搬されます。呼び出された側は、このp値を使用してエクスポートされたスパンデータに情報を追加し、親のサンプリング確率を考慮して調整後カウントを正確に表現できるようにします。

　r値は、63の可能な確率値のうち、どれがトレースのサンプリングに使用されたかを示します。サポートされている確率のセットには、p値と同様に、1から2^{-62}までの2の累乗が含まれます。つまり、r値が0の場合は100%の確率で選択され、r値が63の場合は0%の確率で選択され、r値がその間の任意のnである場合は2^{-n}の確率で選択されます。これらのr値を生成する関数は自由に選べますが、結果の確率が一定であることを保証する必要があります。一般的なアプローチとして、32ビットのランダムビットを含むトレースIDの部分文字列の先頭にある0の数をr値とする方法があります（注：トレースIDは、レガシーのプロパゲーター間で適応された場合など、必ずしもランダムな先頭の0を持つとは限りません）。

r値	確率	例
0	1	11001100…
		(100%固定)
1	1/2 (50%)	01101100…
2	00111101…	
…	…	…
n	2^{-n}	00000000…
…	…	…

r値	確率	例
63	0	00000000… (0%固定)

　一貫性を保証するため、r値はトレースのルートで生成され、サンプラーによって変更されることなくトレースコンテキストとともに伝搬されなければなりません（無効または存在しない場合を除きます。その場合は新しいr値が計算されますが、トレースに一貫性がなくなる可能性があります）。ConsistentProbabilityBasedサンプラーがサンプリングの決定を行う際には、現在のr値と設定されたp値を比較し、p ≤ rの場合にスパンをサンプリングすると決定します。言い換えれば、r値が発生する確率が設定されたサンプリング比率よりも低い場合、そのスパンがサンプリングされます。同じr値がトレース全体に伝搬されることで、呼び出し元よりも高いサンプリング確率を設定しているサービスは、常に完全な（ただし部分的である可能性がある）トレースを得られることが保証されます。たとえば、r値が3（発生確率12.5%）のトレースは、p値が3、2、1、0に設定されたサービスでサンプリングされ、これらはそれぞれ12.5%、25%、50%、100%のサンプリング比率に対応しています。

　これら2つの値は、W3C TraceContextのtracestateヘッダーのotベンダータグで伝搬されます。たとえば、受信するトレースコンテキストは次のようになります（わかりやすさのため、traceparentヘッダーは省略しています）。

```
traceparent: 00-6cd...-01
tracestate: ot=r:3;p:2
```

　この場合、親スパンは、p値が2（サンプリング確率25%）に設定されており、これはr値の3（確率12.5%）より小さいため、そのサンプラーによってサンプリングされました。次に、p値が3（サンプリング確率12.5%）に設定されたサンプラーがこのトレースを選択した場合も、サンプリングすることが決定され、p値を3に調整して次のサンプラーに伝え、調整後カウントを通知します。もしp値が4のサンプラーがチェーンにある場合、これはサンプリングせず、p値をtracestateから削除します（子スパンには無関係のため）。

　このサンプラーにはParentConsistentProbabilityBasedという親ベースのバージョンがあり、親に有効なp値とr値が含まれている場合、それらが子スパンに伝搬され、親のサンプリング決定が尊重されます。この仕組みにより、サンプリングの決定が

トレース全体にわたって維持され、一貫性のあるトレースが生成されます。

確率サンプリングのためのコレクタープロセッサー

OpenTelemetry Collectorは、`probabilistic_sampler`と呼ばれるプロセッサーを使用して、プロセス外での確率サンプリングを提供します。このプロセッサーは、トレースIDから生成されるハッシュと、設定可能なサンプリング比率を用いて、特定のトレースのスパンを保持するか削除するかを決定します。たとえば、以下の設定では、すべてのトレースの12.5%をサンプリングします。

```
processors:
  probabilistic_sampler:
    hash_seed: 42
    sampling_percentage: 12.5
```

一貫したトレースを生成するためには、`hash_seed`が特定のトレースを処理するすべてのコレクターで同じでなければなりません。一般的な実装方法としては、ゲートウェイモデルでこのプロセッサーを使用し、すべてのサービスのスパンを同じエンドポイントにエクスポートしてから、コレクターのセットで負荷分散します。

このプロセッサーは、部分的に完了したトレースやサービスごと、属性ごとの異なるサンプリング比率には対応していませんが、OpenTracingのレガシーな`sampling.priority`スパン属性を使用して特定のトレースをサンプリングする指示をサポートしています（こちらが優先されます）。このプロセッサーの利点はシンプルさにあり、状態の保持やルーティングの実装が不要です。

10.2.2　テイルベースサンプリング

これまでに見てきた確率サンプリングの手法は、確率関数に従って一貫したトレースサンプリングを提供するため、さまざまなレベルの複雑さがありますが、共通の重大な問題があります。それは、これらが完全にランダムであるということです。これは、多くの統計表現において望ましい特性です。サンプリング比率が高ければ高いほど、得られたサブセットから母集団全体の特性をより正確に推定できます。しかし、オブザーバビリティの観点では、すべてのトレースが同等の価値を持つわけではありません。たとえば、エラーやレイテンシーの悪化を示すトレースは、デバッグの観点から他のトレースよりも高い価値があります。通常、私たちは「悪い」トレースのすべて、もしくはその大部分を保存することに関心があり、「良い」トレースの多くが削除されても特

に問題としません。

　トレース全体の特性に基づいてスパンをサンプリングすることは非確率サンプリングの一形態です。スパンが作成される前に、そのサンプリング確率を確定できないからです。この方法でスパンがサンプリングされると、エラーや持続時間の分布はもはや母集団全体を代表せず、デバッグの際に関心のある特定のサブセットの代表になります。たとえば、トレース内の別のサービスが失敗している、またはトレースの長期間の一部であることを理由に特定のスパンがサンプリングされることがあります。

　このようにサンプリングが行われると、サービス所有者が特定のスパンのグループを分析して導き出す結論に影響を与える可能性があります。分布は最悪のケースに偏るからです。

メトリクスは、トレースではなくディメンション全体にわたる測定値を正確に集約するために使用すべきです。これは、7章で述べた理由から特に重要です。テイルベースサンプリングを使用する場合、スパンの分布はシステムの動作を偏った形で表現することから、特に重要な点となります。

　トレースの特性をサンプリング時に考慮するためには、アルゴリズムがトレース全体を完全に把握する必要があります。たとえば、エラーを1つ以上含むトレースのみをサンプリングしたい場合を考えます。サンプラーはスパン作成時にSDKによって呼び出されるため、プロセス内のサンプリングでは実現できません（スパンのステータスは終了するまで確定しません）。エラーを含むトレースのスパンのみを保持するプロセス外のサンプラーをOpenTelemetry Collectorプロセッサーとして構築することはできますが、スパンが到着した順に処理されるため、エラースパンが到着する前に他のスパンがドロップされる可能性があります。

　この様子を図10-8に示しています。点線で示されたスパンは、最初のエラーが到着するまでにドロップされていたであろうスパンを表しています（スパンが終了した順に処理されると仮定）。これは、サンプリングの決定を下す最初の可能な時点を示しており、このケースでは6つのスパンを持つトレースのうち2つのスパンのみがサンプリングされます。

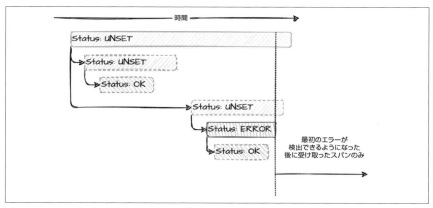

図10-8：トレースがサンプリングされる前に、前のスパンがドロップされた場合

　これを回避するためには、トレース内のすべてのスパンが受信されてから（または適切な時間を待機して）サンプリングの決定を行う必要があります。この手法は一般にテイルベースサンプリングと呼ばれます。図10-8では、ルートスパンが終了するのを待ち、その下にあるすべてのスパンをサンプリングするかどうかを決定することになります。

　一部のオブザーバビリティベンダーは、すべてのスパンを共通のエンドポイント（ローカルまたはリモート）にエクスポートし、トレースをプラットフォームに取り込む前に設定可能なテイルベースサンプリング機能を提供しています。これらの機能では、特定のトレースを保存するためのしきい値や条件を設定できますが、テイルベースサンプリングを使用する際には避けられない限界があります。

- トレースが完了とみなされるまでにどれだけ待つべきでしょうか？トレースは個々のスパンの論理的なグループであるため、トレース完了を示す標準的な方法がありません。一部の実装では、最初のスパンが受信された時点からタイマーを使用する場合もあれば、スパンが受信されるたびにリセットされるタイマーを使用する場合もあります。しかし、（トレースが完了したかどうかにかかわらず）あまりに決定を遅延させると、データ分析の遅延につながり、デバッグ体験が悪化する可能性もあります（たとえば、本番環境の障害対応中、トレースが5分遅れるのは好ましくありません）。
- メモリに保持するトレースの数や、トレースの最大持続時間はどれくらいでしょう

か？これらは一般的に、テイルベースサンプリングのために必要な計算機リソース
を制限するための設定オプションです。

OpenTelemetry Collectorは、テイルベースサンプリング用にtail_samplingという
プロセッサーを提供しています。このプロセッサーは、トレースの最初のスパンが到着
してからdecision_waitで指定した待機期間だけ時間を置き、その間にそのトレース
のすべてのスパンをメモリに保持します。この待機時間が経過すると、設定した一連
のサンプリングポリシーを適用して、そのトレースをサンプリングするかどうかを決定
します。これらのサンプリングポリシーでは、トレースの期間（最初のスパンの開始か
ら最後のスパンの終了までのタイムスタンプ）、スパンのステータス（特定のステータス
に一致するスパン）、属性（条件に一致する属性を持つスパン）、レート制限など、トレー
スの特性に基づいてスパンをサンプリングできます。また、これらのポリシーを柔軟に
組み合わせることが可能で、特定の条件に一致するトレースに対して異なる確率サン
プリングを使用できます。

tail_samplingプロセッサーを実行する上での最大の課題は、特定のトレースのす
べてのスパンが同じOpenTelemetry Collectorインスタンスで処理されるようにするこ
とです。これは厳格な要件であり、テイルベースサンプリングではすべてのスパンを考
慮して決定を行い、決定が行われた後にスパンをサンプリングする必要があります。こ
の問題に対処するためのアプローチは、主に次の2つです。

すべてのスパンを1つのコレクターインスタンスで受信します

これはもっともシンプルな方法ですが、大規模なシステム、特に数千のサービ
スレプリカが相互に通信する環境には明らかにスケールしません。

トレースIDに応じてスパンをロードバランシングします

2段階のアプローチで、1段階目のコレクター（サイドカーとして動作する可能
性もあります）がすべてのトレースのスパンを受信し、2段階目で特定のトレー
スのすべてのスパンを同一のコレクターにルーティングします。この様子を図
10-9に示しています。OpenTelemetryはこの目的のためにloadbalancingエ
クスポーターを提供しており、トレースIDに基づいてスパンを設定された一
連のコレクターにルーティングできます。ルーティングの設定は静的（ホスト
名のリスト）や動的（IPアドレスのリストを返すDNSリゾルバー）に行うこと
が可能です。

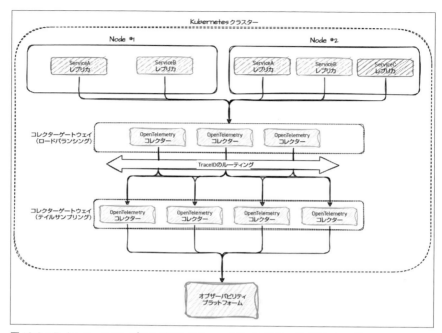

図10-9：テイルベースサンプリングコレクターへのスパンのロードバランシング

　テイルベースサンプリングの保守は、特にマルチクラスター環境では、全スパンをクラスターの外で集中的に処理する必要があるため容易ではありませんが、その効果は通常、それに見合う価値があります。処理、保存、分析コストを削減できるだけでなく、テレメトリーのノイズも減らせます（つまり、システムの正常範囲に収まる不要なトレースは保持されません）。これにより、エンジニアは重要なトランザクションに集中できるようになります。ときには「少ない方が豊かである」ということもあり、オブザーバビリティも例外ではありません。

10.3　まとめ

　本章を通して、OpenTelemetryがクラウドネイティブ環境における多様なデプロイパターンをサポートするために提供する強力なソリューションを見てきました。OpenTelemetryエクスポーター、OTLPやPrometheusといった標準プロトコル、そしてOpenTelemetry Collectorを組み合わせることで、ほとんどの最新技術スタックに対

応する柔軟なアプローチが可能です。また、一般的なトレースサンプリング技術についても学び、オブザーバビリティを損なうことなくトレース機能の運用コストを削減する方法も確認しました。

これらのオブザーバビリティツール群を手にした今、11章では、組織がOpen Telemetryの導入を進める際の重要な段階に立ち返って考えてみます。そう、移行です。可能な限り摩擦なく移行プロセスをデザインするため、OpenTelemetryがどのように役立つか詳しく見ていきましょう。

第Ⅲ部
OpenTelemetryを組織に展開する

11章
摩擦を最小限に抑えて 導入を最大化する

OpenTelemetryプロジェクトは、構想段階から相互運用性に重点を置いています。既存のテレメトリーフレームワーク、計装ライブラリ、転送フォーマット、プロトコルの多様性を考慮し、採用されるソリューションは、新旧の計装を簡単に統合し、テレメトリーパイプラインに一貫性と標準化を提供する必要がありました。OpenTelemetry Collectorは、レガシーシステムとOpenTelemetryで計装したアプリケーションを統合する上で大きな役割を果たしますが、本書のこれまでの章では、計装レイヤーでOpenTelemetry APIとSDKに依存すること、またW3C TraceContextやOTLPなどの標準フォーマットとプロトコルを利用することで得られる利点について説明してきました。OpenTelemetryの機能から最大限の恩恵を受けるためには、個々のシグナルの安定性や外部要因に依存する部分もありますが、どこかの時点で、チームや組織はこれらのオープン標準への段階的な移行を検討すべきです。

とはいえ、移行は手間がかかるものです。システムに変更を加える際には、予期せぬ副作用が生じる可能性があり、エンジニアリングのバックログに膨大な作業が追加されると、本番環境への製品デリバリーが遅れるリスクもあります。そのため、移行の要件を最小限に抑えつつ、テクノロジーを採用する価値を徐々に高めていくことが重要です。

11.1 テレメトリー整備への投資

チームや組織がOpenTelemetryの提案するオープン標準への移行プロセスを開始する際に（本書や他の多くの優れた公開コンテンツが、その決断を後押しできることを願っています）、最初に「どこから始めるのが最善か？」と自問するのは一般的です。この決

定には、主に次の3つの要因が影響します。

- **安定性**：一般的には、シグナルの仕様や実装が安定するまで組織全体への導入を待つことが推奨されます。整備チームは、シグナルがexperimentalやbetaの段階でも早期にテストを始めて制約を理解し、移行計画を立てるべきですが、この段階では後方互換性が保証されていないため、破壊的な変更がテレメトリーの信頼性に影響を与えたり、初期採用者に追加の移行作業を求めたりする可能性があります。このような初期採用者はオープン標準への移行を支援したことに対して、罰則ではなく報酬を受けるべきです

- **労力**：環境によって、導入が容易なシグナルは異なります。たとえば、トレースをまだ使っていないチームにとっては、自動計装でトレースを追加するのがもっとも簡単かもしれません。別のチームでは、アペンダーを変更するだけで済むログがもっとも簡単なケースもあります。ほとんどの場合、メトリクスの移行は難しいとされています。メトリクスは通常、カスタムダッシュボードやアラートの基盤となるシグナルであり、セマンティック規約の変更に作り替える必要があるからです。この対応には、通常、新旧のメトリクスを同時にエクスポートし、チームがランブックやアラート、システムの健全性を判断するための重要なリソースを移行できるようにすることが求められます

- **価値**：既存の状況によって、特定のシグナルに焦点を当てることで最大の価値を得られる場合があります。たとえば、トレースはログが活用されていないチームにとって、リグレッションのデバッグに大きな価値をもたらし、サンプリングを使うことでコスト削減にも役立ちます。複数のメトリクスクライアントやバックエンドを維持している組織では、メトリクスに注力することでメンテナンスコストの削減や、他のシグナルとの相関付けによるメリットを得られるかもしれません

　厳格な要件である安定性はさておき、労力と価値のバランスを取ることが重要です。エンジニアリングチームは通常、少ない労力で日常業務に明確な価値をもたらす移行を歓迎します。誰だってそうでしょう？　ライブラリやDockerイメージをアップグレードするだけで、即座にオブザーバビリティを実現できるのであれば、「移行」という言葉は、エンジニアリングチームが持ちがちな否定的な意味合いにはならないでしょう。残念ながら、こうしたケースは稀です。多くの場合、移行には相当な労力が必要であり、その価値が即座に明確にはならないこともあります。

移行の価値を伝えるのは難しいこともあります。特にオブザーバビリティの分野では、コンテキストに相関付けられた一連のシグナルの一部を形成するサービスを開始するたびに、すべてのサービスでの価値が指数関数的に増加します。

メトリクスや従来のログに慣れたチームは、トレースをアプリケーションに統合したり、コンテキストを正しくサービス全体に伝搬させてトレースを断片化させないようにすることの価値に気づかないかもしれません。そのチームはこれらの機能を使用せず、使い始めるメリットも認識していないかもしれません。しかし、シグナルが相関付けられていなかったり、コンテキストが欠如したりすると、そのチームのデバッグ体験を遅らせるだけでなく、他のサービスやチームに対しても正しいコンテキスト伝搬とセマンティック規約からの恩恵を妨げ、全体のオブザーバビリティに悪影響を与えることになります。オブザーバビリティの実現において、相関性とコンテキストの伝搬は重要な要件であり、サービス所有者は自分たちの責任が単に自分たちのサービス内で終わるものではなく、システム全体のオブザーバビリティの一部であることに、視野を広げる必要があります。

組織全体で技術を展開する際には、**テレメトリーの整備機能**が極めて重要です。移行作業を軽減し、テレメトリーをサービスやシグナル間で相関させるための適切なデフォルト設定を確立し、オープン標準を推進することで、オブザーバビリティの価値を確実に実現させることに焦点を当てます。基本的に、組織全体にオブザーバビリティを効果的に導入するためには、社内独自の標準規格を策定する必要があり、その規格は可能な限り簡単に導入できるものでなければなりません。

テレメトリーの整備は、組織全体でオブザーバビリティを向上させ、価値を最大化することに重点を置くべきです。その際、計装においてはベストプラクティスに従うことが、もっとも反発が少ない方法であることに目を向けましょう。

中規模から大規模の組織で現代的な環境を運用している場合、テレメトリーの整備は通常、プラットフォームエンジニアリングチームに組み込まれています。プラットフォームエンジニアリングに投資することで、新しい技術の研究、ツールチェーンやワークフローの開発、既存のツールとの統合の確認、セキュリティ基準の確保といった作業をプロダクトチームから切り離し、開発速度を向上させることができます。これらのチームは、既存の技術の上に抽象化レイヤー（内部ライブラリ、テンプレート、

Dockerイメージなど）を提供し、一般的な概念に対する組織独自のアプローチを実装する責務を担います。テレメトリーに関して、この抽象化レイヤーには以下が含まれることがあります。

- エンドポイント、プロトコル、フォーマット、または集約のテンポラリティに関するデフォルト設定を持つテレメトリーエクスポーター。たとえば、コレクターゲートウェイに解決されるデフォルトのホスト名を用意することで、サービスオーナーはテレメトリーバックエンドの変更から保護されると同時に、プラットフォームエンジニアはバックエンドにエクスポートする前にサンプリング、レート制限、難読化など必要なテレメトリーの処理を行うことができます
- コンテキスト伝搬。選択と順序付けを適切に行い、異なるバージョンのサービス間でも正しいコンテキスト伝搬が保証されるようにします
- サービスがデプロイされる環境に合わせて、計装パッケージ、メトリクスビュー、リソース属性をすぐに利用できるよう設定しつつ、不要なテレメトリーの転送や処理コストも考慮します
- 前述のすべての設定を事前に構成したOpenTelemetry Collectorゲートウェイ、エージェント、または自動的にインジェクトされるサイドカーを使用します。これにより、テレメトリー管理者がパイプラインへの変更を容易に展開できます
- 標準的なテレメトリーの転送と計装の恩恵を受けながら、各チームが自分のペースでOpenTelemetry APIに徐々に移行できるAPIシム[†1]やレガシー計装をブリッジします

　これらの機能をサポートするため、一部のベンダーは独自の**OpenTelemetryディストロ**[†2]を提供しています。これらは多様な組織に役立ちますが、特にテレメトリー対応に専念できるエンジニアリングチームを持たない小規模な組織にとって有益です。ディストロはベンダー固有の実装やOpenTelemetry SDK、計装パッケージのフォークと混同されるべきではなく、Apache v2.0ライセンスの下で公開されているOpenTelemetryリポジトリに含まれていないプラグインや機能を含むものではありませ

---

† 1　翻訳注：シム（shim）とは、API呼び出しを透過的に傍受して、渡される引数を変更したり、操作自体を処理したり、操作を他の場所にリダイレクトしたりするライブラリのこと。
† 2　翻訳注：ディストロ（distro）とは、ディストリビューション（distribution）の略で、それぞれの目的に応じたライブラリのパッケージング形態のこと。

ん。クライアントディストロは、ベンダーが自社機能との統合を目的として推奨する設定でOpenTelemetry SDK、プラグイン、計装ライブラリを構成し、互換性を確保します。同様に、コレクターディストロには、ベンダーがバックエンドにテレメトリーをエクスポートする際に推奨するレシーバー、プロセッサー、エクスポーターが含まれています。

11.2　OpenTelemetryを導入する

注力するシグナルを選択し、ベンダーが提供するディストロや整備チームが提供する統合機能を活用することで、サービス所有者はOpenTelemetryの導入を始められます。このアプローチは、すでにそのサービスで計装されている内容や、サービスの現状に応じて異なります。

11.2.1　未開拓の環境

新しいサービスや、特定のシグナルに対して既存の計装がないサービスでは、通常、少ない制約、かつ移行をともなわずにOpenTelemetryをそのまま導入できます。この場合、使用している言語のOpenTelemetryライブラリが安定していれば、サービスオーナーは本書で提供したアドバイスに従い、OpenTelemetry APIとSDKを利用して計装ライブラリやプラグインを設定できます。

一般的なルールとして、計装ライブラリが生成するテレメトリーやライブラリが、すでにその目的で計装されている場合は、生成されたテレメトリーを評価するのが良い出発点でしょう。自動計装は常に優先されるべきです。これはサービス計装の手間を省くだけでなく、生成されるテレメトリーが意図通りであり、ライブラリのアップグレードの一環として維持できることを保証するからです。大規模なデプロイメントでは、生成されるテレメトリーの量やカーディナリティがテレメトリーシステムに予期せぬコストや負荷を発生させないよう、メトリクスビューや属性/リソースプロセッサーを調整する必要があるかもしれません。そのための方法の1つとして、開発環境やステージング環境で計装ライブラリを有効にして生成された量から、本番トラフィックでの量を見積もる方法があります。

ほとんどのサービスには固有のビジネスロジックがあり、独自の計装が必要です。これらの概念を計装するには、サービス所有者はベストプラクティスに従い、作業を進める前には常に特定のシグナルの目的を考慮する必要があります。OpenTelemetry API

のさまざまなシグナルは、音楽における楽器[†3]に例えることができます。それぞれに長所があり、通常、そのうちの1つを使いすぎても、他の不足を補う最善の方法にはなりません（私はドラマーとして、このことを強く意識しています）。

12章で説明するように、一連のサービスを計装する場合、小規模な範囲から始めて徐々に拡大し、同じサブシステムの一部であるサービスを接続していくのが良いでしょう。

11.2.2　OpenTracingとの互換性

OpenTelemetry Tracing APIの設計の多くは、OpenTracingから影響を受けています。

そのため、OpenTelemetryコミュニティは初期の段階から、OpenTracingからの移行が苦痛をともなわないようにし、可能な限り後方互換性をサポートすべきだと認識してきました。トレースのAPIを実装から分離するという概念は、すでにOpenTracingに存在していました。これにより、OpenTracing APIへの呼び出しをOpenTelemetry APIの同等部分にブリッジするトレーサー実装である、**OpenTracing Shim**が作成されました。Javaでは、この機能はopentelemetry-opentracing-shim Mavenアーティファクトで提供されています。以下のように、設定済みのOpenTelemetryインスタンスからOpenTracing互換のトレーサーを作成し、OpenTracing APIに登録できます。

```
# OpenTracing互換のトレーサーを作成
Tracer tracer = OpenTracingShim
  .createTracerShim(openTelemetry);

# OpenTracing APIにトレーサーを登録
GlobalTracer.registerIfAbsent(tracer);
```

図11-1はOpenTracing Shimの一般的な動作を説明しており、OpenTelemetry Tracing APIとBaggage APIへの呼び出しを中継するトレーサー実装として機能します。内部では、単一のOpenTelemetryインスタンスがすべての機能を処理し、同じコードベース内で両方のAPIを使用できるようにします。

[†3]　翻訳注：ここで言う楽器は英語でinstrumentであり、計装の意味のinstrumentationと同様の単語です。

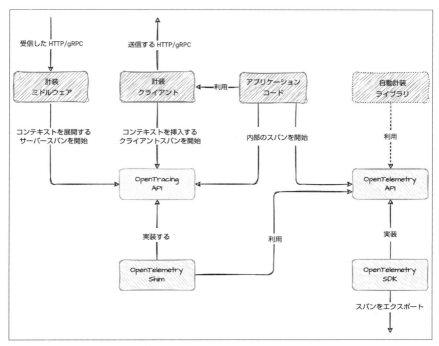

図11-1：OpenTelemetryへのブリッジを提供するOpenTracing Shim

このShimを使用すると、OpenTracingで計装したサーバーやクライアントライブラリは、基盤となるOpenTelemetry Propagators APIを使用してコンテキストを抽出・注入します。

つまり、複数のプロパゲーターを同時に使用できる（OpenTracingではサポートされていません）ため、移行していない複数のサービスを単一のトレースでサポートしながら、W3C TraceContextへのシームレスな移行が可能になり、「チェーンを壊す」ことなく移行できます。また、同じトレース内でOpenTracingとOpenTelemetry両方のAPIを使用しながら、OpenTelemetryの計装ライブラリやアプリケーションコードを統合することも可能です。サービス所有者は、OpenTracing計装ライブラリをOpenTelemetryの同等品へ徐々に置き換え、アプリケーションコードをOpenTelemetry APIに変更してから、OpenTracingを完全に削除できます。

OpenTelemetry SDKは、以前OpenTracingトレーサーで使用されていたのと同じ形式でデータをエクスポートするように設定でき、必要に応じて他の形式にも複数同時に

エクスポートできます。これにより、組織がOpenTelemetryへの移行と同時にテレメトリーバックエンドを移行する際でも、サービスを中断することなく移行でき、サービス所有者はダッシュボードやアラートなどの移行に必要な時間をかけられるようになります。

しかし、注目が必要な非互換性がいくつかあります。

- OpenTracingでは、バゲッジはトレースの一部です。一方、OpenTelemetryでは、Baggage APIはTracing APIから分離されています。つまり、OpenTelemetry APIを使用してバゲッジを正しく抽出することはできますが、特定のスパン上でOpenTracing APIを使用してバゲッジを修正すると、OpenTelemetry APIは特定のスパンコンテキストとその（OpenTracingの）バゲッジとの関係を認識していないため、バゲッジが正しく伝搬されない可能性があります
- OpenTracingでは暗黙的なコンテキスト伝搬をサポートしていませんでしたが、OpenTelemetryでサポートしている言語（JavaScriptでのasyncフック経由のような）では、スパンコンテキスト（OpenTelemetryが管理する暗黙的なコンテキストと同じではない場合があります）を明示的に渡してアクティブにした場合に、コンテキストが正しく伝搬されない場合があります

他にも軽微な非互換性がありますが、通常はあまり遭遇しない副作用かもしれません。

- セマンティック規約のマッピングは自動的には行われません。ただし、errorタグだけはOpenTelemetryのスパンステータスに変換されます
- OpenTracingでは、スパン作成後にスパンの種類を変更できましたが、OpenTelemetryではできません
- スパン間のFOLLOWS_FROM参照は、スパンのlinkに変換されます

11.2.3 OpenCensusとの互換性

他の先行プロジェクトがOpenTelemetryに統合されたため、OpenCensusのユーザーは後方互換性を持つ方法で徐々に移行を進めることができます。これは、**OpenCensus Shim**を使用することで実現できます。このシムはトレースに加えて、OpenCensusのメトリクスをOpenTelemetry APIにブリッジする役割も果たします。Javaではopentelemetry-opencensus-shim Mavenアーティファクトに、両方のシムが含まれて

います。

OpenCensusのトレースシムは、OpenTracing Shimと同じアプローチに従い、OpenCensusからの呼び出しを基盤となるOpenTelemetryインスタンスに変換するトレーサー実装を設定します。言語によっては、トレーサーの設定方法が異なる場合があります。これは、OpenCensusがAPIとともに実装を提供しているのに対し、OpenTracingでは特定の実装をグローバルに登録する必要があるためです。たとえばJavaのOpenCensusでは、TraceComponentのグローバルインスタンスを管理するTracingクラスがクラスのロード時に初期化され、すべてのトレースコンポーネントのインスタンスと設定を保持します。Javaアプリケーションの依存関係にOpenCensusシムを含めると、Tracingの初期化時にリフレクションを通じてロードされ、デフォルトのTraceComponent実装が上書きされます。サービス所有者は、OpenCensusエクスポーターをOpenTelemetryのものに置き換える以外、特に操作は必要ありません。

いくつかの既知の非互換性もあります。

- OpenCensusでは、スパン作成後に親スパンを指定できますが、OpenTelemetryでは親スパンはスパンを構築する際に渡され、後から変更できません。これにより、親子関係の不整合が生じる可能性があります
- OpenTelemetryでは、スパン作成後にスパンリンクを追加することは許可されていません。OpenCensusのスパンに後からリンクを追加しても、そのリンクは適用されません
- OpenTelemetryでは、スパンスコープのサンプラーはサポートされておらず、TracerProviderを構築する際にのみ設定できます（OpenCensusではサポートされています）
- OpenCensusのいくつかのAPIでは、スパンコンテキストの一部としてsampledフラグに加えて、debugフラグやdeferフラグがサポートされています。これらは各実装によってベストエフォートで処理されます

OpenCensusメトリクスに関するOpenTelemetry仕様はまだ安定しておらず、MetricProducerのような実験的なメトリクスAPIコンポーネントに依存しています。一部の実装では実験的なパッケージが提供され始めています。たとえばJavaでは、OpenCensusメトリクスは既存のMetricReaderにアタッチし、MetricProducerを使用してOpenCensusから測定値をプルし、それをOpenTelemetryに変換する

`MetricReader`の実装によってサポートされています。既知の非互換性の中には、GaugeHistogram型、コンテキストベースの属性（タグ）、SumOfSquaredDeviationフィールドのサポートがないなどがあり、これらはシムによって削除されます。

11.2.4　その他のテレメトリークライアント

OpenTelemetry APIはOpenTracingとOpenCensusとの後方互換性のみを提供していますが、OpenTelemetry Collectorは、複数のフォーマットでデータを受信するパイプラインを可能にし、命名規則やその他の標準を採用して処理し、共通フォーマットにエクスポートすることで、他のテレメトリークライアントからの移行を支援します。

たとえば、Prometheusクライアントを使用しているアプリケーションは、OpenTelemetry Metrics SDKを内部で使用するよう自動的に移行することはできません。手動で計装したメトリクスをすべて変更する必要があります。PrometheusとOTLPが使用するメトリクスエクスポートのプルとプッシュの違いにより、この変更はより複雑になります。しかし、**図11-2**で示すように、コレクターサイドカーを使用してアプリケーションコンテナからPrometheusメトリクスをスクレイピングし、新たに変更したメトリクスのためにOTLPデータを受信する（または異なるポートでPrometheusデータを受信する）ことが可能です。これらのデータを共通パイプラインで処理して命名規則を標準化し、使用しているテレメトリーバックエンドでサポートされる形式（プルベースのままでも、もしくはPrometheus Remote-Writeのようなプッシュベースでも良い）でエクスポートできます。これにより、サービス所有者はメトリクスを一度にすべて移行するのではなく、1つずつ移行し、動作を検証できます。また、メトリクスのコンシューマーは変更する必要がなく、引き続き同じPrometheusエンドポイントからメトリクスを取得できます。さらに、ダッシュボードやアラートを適応させる必要はあるものの、`telemetry.sdk.name: opentelemetry`属性でメトリクスに注釈を付けることで、PrometheusとOpenTelemetryクライアントの両方で同じメトリクスを生成し、集約の競合を回避して（それぞれが異なる時系列になります）、目的のバックエンドでの正確性を確認することができます。

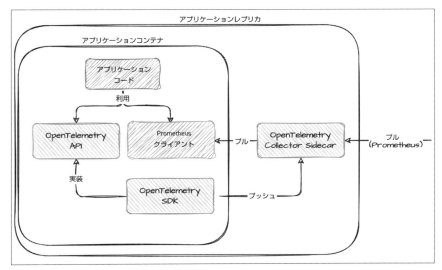

図11-2：Prometheusクライアントを介して生成されたメトリクスの段階的な移行

　他からの移行は個々の環境によりますが、より簡単な場合もあります。たとえば、StatsdサイドカーをOpenTelemetry Collectorに置き換えたり、ログフレームワークでOpenTelemetryアペンダーの計装を有効化し、オブザーバビリティの価値を高めることができます。

11.3　まとめ

　OpenTelemetryの相互運用機能により、組織は計装をオープン標準へ徐々に統合することが容易になり、デプロイが簡素化され、シグナルとサービス間の相関関係をより高度に実現できるようになります。OpenTracingやOpenCensusを使用しているサービスは後方互換性の恩恵を受けることができ、OpenTelemetry Collectorは他のクライアントからエクスポートされたテレメトリーのパイプラインを統合するのに役立ちます。

　これらのツールや機能は移行作業を軽減しますが、組織はエンジニアリングに時間を投資して、テレメトリーの整備を一元化し、移行要件を削減し、複数のデプロイ全体で標準やベストプラクティスを確実に維持する必要があります。これらの標準に向けた容易な道を提供した上で、12章では、テレメトリー整備チームが計装デバッグのワー

クフローに変化を促し、オブザーバビリティ製品から得られる価値を最大化する方法を
探ります。

12章
オブザーバビリティの導入

　本書の最初の章では、現代の分散システムにおいてオブザーバビリティがなぜ重要であるか、そして、OpenTelemetry標準がどのように、分散システムを理解する包括的なアプローチを実装するための構成要素を提供したり、シグナルやサービス全体にわたってテレメトリーを相関させたり、従来は閉じ込められていたサイロを打破したりするかに焦点を当てました。これまで取り上げてきた個々のシグナル（トレース、メトリクス、ログ）には、それぞれ特定のユースケースに適した特性がありますが、コンテキストなしに個別に使用すると有用性が低下します。

　エンジニアリングチームがサービスを適切に計装するだけでなく、すべてのシグナルを活用してテレメトリーの文脈をデバッグワークフローに取り入れ、リグレッションに対して迅速にトラブルシューティングすることで、オブザーバビリティの価値を最大限に引き出すことができます。

12.1　デバッグワークフローの転換

　エンジニアリングチームが本番サービスをデバッグする方法を変えることは、簡単ではありません。テレメトリーは従来、個々のアプリケーションに合わせてカスタマイズするのが一般的であり、そのほとんどを、システムの知識を持ち、何を見たいかがわかっている所有者自身が計装してきました。通常、こうした経験豊富なエンジニアが、障害の最中にチームが参照するダッシュボード、アラート、ランブックを作成します。新しいトラブルシューティングのワークフローに対して懐疑的な反応を示すのは、驚くべきことではありません。だって、今までうまくやってきたんだし、なぜ変える必要があるの？ 1章で説明したように、この前提が誤りである理由はいくつもあり、特に、現

代の分散システムにおいてはその傾向が顕著です。どれほどの専門知識を持っていても、アプリケーションが遭遇する可能性のあるすべての障害モードを予測することはできません。

　最先端のテレメトリーツールや計装、オブザーバビリティフレームワークで自動的に相関付けた大量のデータを利用できるとしましょう。しかし、エンジニアが従来から規定されたデバッグワークフローに従い、何枚ものブラウザウィンドウでログをクエリーし、別のウィンドウでカスタムダッシュボードを眺めているのでは、リグレッション（1章で述べたMTTDおよびMTTKメトリクス）の原因を検出したり特定したりするのにかかる時間を改善することはできません。これを変えるためには、組織全体でこうした慣習に異議を唱え、根拠を示して取り組むオブザーバビリティの「チャンピオン」たちが必要です。

　これは、既存の知識がすべて無駄になるということではありません。むしろその逆です。デバッグの開始地点を転換し、最適化された経路で根本原因を見つけることによって、オブザーバビリティがこれらのワークフローを**強化**します。たとえば、チームがあるランブックを持っているとして、そのランブックには、エンジニアが5xxエラー応答が増加したというアラートを受けた際にKubernetesのダッシュボードでメモリ使用量が増加していないかチェックし（これは、一時的にデプロイメントのスケールアウトで修正できるかもしれない）、次に、ログバックエンドに対して特定のクエリーを実行して依存関係の呼び出しのエラーを見つけ（これは、別のチームを障害対応に巻き込んで、そのサービスのデバッグを行わせるかもしれない）、といった手順が記載されているかもしれません。適切なデータが提供されていれば、オブザーバビリティプラットフォームは、service.nameなどのリソース属性に基づいて、それらの5xxエラー応答に関連するメモリ使用量のメトリクスや他のシグナルのトレンドを自動的に提示したり、このエラーに寄与しているトレースの例を示して、そこから同じログへ導いてくれるかもしれません。その様子を**図12-1**に示しています。ここでは、両方のデバッグ手順は類似した結論に達しており、一方はコンテキストと相関関係、自動分析に依存し、もう一方は既知の障害モードからの経験に依存しています。

　コンテキスト伝搬やシグナルの自動相関付けなしでは、システムを確実にトラブルシューティングできるのは経験豊富なエンジニアだけかもしれません。事前に作成されたランブックが常に正しく最新であればその限りではありませんが、そのようなケースはほとんどありません。

12.1 デバッグワークフローの転換

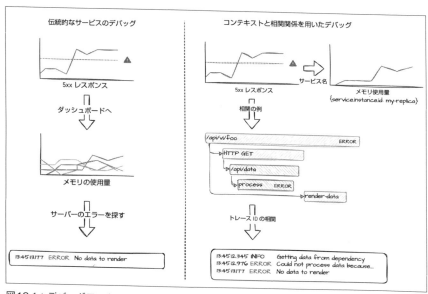

図12-1：デバッグワークフローにおける効果的なオブザーバビリティの活用

オブザーバビリティソリューションの有効性を確認する1つの方法は、システムに関する知識がまったくない状態でリグレッションのデバッグを行うことです。サービス所有者と同じ結論に、同等または短い時間で達することができたなら、それは良い兆候です。

前章では、オブザーバビリティツールキット内の各シグナルの目的について詳述しました。デプロイメントごとに違いはありますが、アラートやデバッグに関しては、それぞれに特有の強みがあります。まとめると以下の通りです。

- メトリクスが駆動するアラートやダッシュボード（たとえ他のシグナルをサポートするテレメトリープラットフォームであっても）は、信頼性が高い傾向があります。一定の完全なシグナルを提供し、テレメトリーのエクスポートと転送パイプラインが短期間のサービス中断にも耐えられるように構築できるからです
- セマンティック規約の使用は、同じ生成元や生成元のグループが生成したメトリクスやその他のシグナルをオブザーバビリティシステムが相関させるのに役立ちます。これにより、使用状況や飽和状態、エラーパターンを素早く特定でき、それを

オブザーバビリティプラットフォームが自動的に提示できます

- コンテキストにより、メトリクスとその基礎となる測定の標本をリンクさせて、トレースを通じてより詳細な洞察にアクセスし、さらにログにも紐付けられます。これにより、デバッグワークフローはトランザクションのコンテキストの枠を保ちながら、徐々に粒度を高め、リグレッションの根本原因を見つけるために必要な認知負荷やドメイン知識を軽減できます

- コンテキスト伝搬により、同じシステムトランザクションの一部であるサービスのテレメトリーが接続されます。トレースデータを起点として使用することで、サービスを個別に見るのではなく、システム全体を俯瞰した視点からデバッグにアプローチできます。オブザーバビリティプラットフォームは、この情報を使用して、サービス内だけでなく、依存関係間の異常を分析して特定することができます。これは、特にシステム内の異なる部分をそれぞれのチームが所有している組織において、障害対応時に役立ちます。システムの、リグレッションを引き起こしている箇所を特定するために、障害対応時に複数のチームで責任を押し付け合う必要がなくなります

- トレースにリンクされたログは、標準的なログフレームワークを使用するライブラリでのレガシー計装をコンテキスト化することでデバッグを強化し、オーケストレーション、起動、シャットダウン、バックグラウンドプロセスなど、分散トレース外のプロセスからの重要なテレメトリーを提供します

　過去の障害を分析・議論するためのポストモーテムのプロセスが企業にあれば、オブザーバビリティワークフローを最適化し、解決までの時間を短縮するための良いスタート地点に立っています。こうした議論が有益なものとなるためには、責任追及を避け**学習と改善**に議論の焦点を当てて、個人の行動ではなくプロセスを最適化するために必要な、適切な質問を行うことが重要です。アルバート・アインシュタインの言葉を借りれば、「失敗とは進行中の成功である」です。

　ポストモーテム分析の良い習慣として、障害のライフサイクルメトリクスを測定し、文書化することが挙げられます。そのようなメトリクスについては1章で、特にオブザーバビリティが最適化に役立つメトリクスについて言及しました。すべてのメトリクスを収集することは必ずしも可能ではなかったり、効率的でないかもしれませんが、MTTD（平均検知時間）やMTTRes（平均復旧時間）といった主要なメトリクスの目標時間を設定することで、エンジニアがこのプロセス中に、有意義な質問を投げかけること

が促されます。たとえば、以下のような質問です。

- オンコールのエンジニアがもっと早くアラートを受け取れなかったのはなぜですか?
- SLOはサービスの信頼性要件を正確に表していますか?
- 他のサービスへの影響はどうでしたか?そちらには通知されていましたか?
- リグレッションの原因は依存関係なのか、それとも単一のサービスに限定されていたのか、エンジニアはどのように識別しましたか?
- この障害をデバッグするために使用したシグナルは何ですか?
- 他の既存のシグナルから、同じ結論をより早く導く方法を見つけることはできるでしょうか?
- デバッグ体験を向上させるために、カスタム計装で不足しているものはありますか?

このような質問に答え、チーム全体をより良いアプローチへ導くことができる人がチーム内にいるかもしれませんが、必ずしもそうとは限りません。外部からの意見が必要なこともあり、常に奨励されるべきです。そのための1つの方法として、オブザーバビリティに関する知識やベストプラクティスを組織全体で共有するギルドやグループを設けることが考えられます。ギルドのミーティングやその他のフォーラムで、MTTDやMTTResの改善に特に焦点を当てて、ポストモーテムの議論を行うことができれば、障害に影響を受けたチームだけでなく、すべてのチームにとって有益です。そのようなセッションはまた、未然に防げた事故や成功事例、オブザーバビリティに関する最新情報を共有し、学び合う文化を促進するための場としても活用できます。

テレメトリーの導入を支援するチームは、ギルドの会話に貢献したり、具体例を提供したり、組織全体で従うべきオブザーバビリティの基準を策定したりすることで支援できます。エンジニアリングチームが簡単に理解できる「やるべきこと」と「やってはいけないこと」のリストを用意し、有用な計装やデバッグのガイドとして使用できるようにすると、組織全体での工数を大幅に節約することができます。ただし、このアプローチを大規模な組織に展開するためには、オブザーバビリティに特に関心を持ち、その価値を理解してビジネスのすべての領域に伝えることができる、個別の「チャンピオン」たちが必要です。

12.2 コンテキストを拡張する

　チームが計装やデバッグのプラクティスにオブザーバビリティを採用する準備ができた場合、そのシステム内の個々のサービスのうち、そのサービスが重要であるか、もしくは、そのサービスに障害が発生しやすいかのどちらかのものから、この本でこれまで紹介してきたアドバイスに従って始めるのが合理的なアプローチです。しかし、分散システム内の単一のサービスは、通常、それ単独で効果的なオブザーバビリティを実装することはできません。もちろん、自動計装ライブラリや標準API、シグナルを相関させるためのセマンティック規約から得られる利益は依然として非常に価値がありますが、サービスが相互接続されたサービスメッシュの一部である場合、異なるチームによって管理されていることも多く、その障害モードは依存関係によっても左右されます。したがって、システムを独立したサービスの集合体としてではなく、全体として考えることが重要です。

　効果的な相関とコンテキスト伝搬を達成するためには、一連の標準を確立する必要があります。同じシステムの一部であるサービスは、コンテキスト伝搬フォーマットやドメイン固有のセマンティック規約などについて合意しなければなりません。テレメトリー整備チームはこの作業を促進し、コアライブラリやOpenTelemetryディストロの一部としてデフォルト設定や共通定数を提供することで、サービス所有者にとってほとんど意識されないようにすることも可能です。しかし、組織全体でデフォルトで自動計装とコンテキスト伝搬を有効にすることは、諸刃の剣となる可能性があります。一方では、テレメトリーをすぐに使える状態で導入することで、ほとんど、あるいはまったく労力を必要とせずに、すべてのサービスのオブザーバビリティを即座に向上させることができます。ほとんどのサービスがトレースコンテキストをシームレスに伝搬でき、それはシステム全体のテレメトリー分析と相関に役立ちます。一方で、計装に不具合があり、どこかのサービスの非同期タスク間でコンテキストが失われると、トレースが分断され、オブザーバビリティに影響を及ぼします。たとえば、あるサービスがリクエストを受信し、非同期HTTPクライアントを使用して依存先を呼び出す際に、コンテキストが内部で適切に伝搬されず、SERVERスパンとCLIENTスパンが同じトレース内で接続されない場合、「チェーンが断ち切られ」ます。SERVERスパンの前に何が起こったか、CLIENTスパンの後に何が起こったかは、別々のトレースの一部となります。さらに悪いことに、サービス内でコンテキストが不適切に処理された場合（たとえばスコープが閉じられて

いない場合)、操作が誤って特定のトレースに割り当てられる可能性があります。これはオブザーバビリティに悪影響を及ぼし、デバッグの妨げとなるノイズを発生させるかもしれません。

この状況を管理する方法の1つとして、重要なトランザクションに焦点を当て、サービス間でのコンテキストの適切な伝搬を確保しながら、システムのエントリポイントから始めて、徐々にテレメトリーコンテキストを構築することが挙げられます。これにより、複数のビジネス領域にコンテキスト伝搬の価値を明確に示すユースケースを形成することができます。たとえばウェブアプリケーションの場合、このエントリポイントを、ユーザーのブラウザで開始されるページドキュメントの初期ロードや個々のリクエストから始めることもできます。opentelemetry-js計装パッケージはXMLHttpRequest(XHR) 用の実験的な計装を提供しており、CLIENTスパンを作成し、ブラウザからバックエンドサービスにトレースコンテキストを伝搬することができます(最初のページ読み込み時には、トレーサープロバイダーを初期化するJavaScriptがロードされていないため、これは不可能です)。ブラウザやモバイルアプリケーションなどのユーザーデバイスへの計装はまだ実験的な段階ですが、これらのクライアントのサポートが発展するにつれ、標準化されたコンテキスト伝搬により、従来のリアルユーザー監視とバックエンドサービスとの統合がさらに進むでしょう。いずれにせよ、最初に計装されたコンポーネントがシステムのバックエンド内のコンポーネントであったとしても、コンテキストの伝搬が早期に開始されればされるほど、エンドユーザーが体験したシステムをトレースでより正確に表現できるようになります。

コンテキスト伝搬を始める最初の実行可能なコンポーネントを特定すると、サービスの所有者はOpenTelemetryの計装を追加し、生成されるテレメトリーを評価し始めることができます。このプロセスでは、ローカル環境や検証環境を使用して、デフォルトの計装ライブラリが生成するテレメトリーの量やカーディナリティがテレメトリーバックエンドの許容範囲内に収まっているかを評価することが重要です。大規模なデプロイメントでは、そのような変更をある程度以上の本番環境にデプロイする際に、予期せぬ問題を回避することができます。

テレメトリー整備チームは、このようなテレメトリー導入段階における必要な労力を大幅に削減できます。共通の設定やヘルパーライブラリに加えて、組織全体で**標準的な監視、アラート、デバッグを体験する**サービスを提供できます。これは現在、OpenTelemetryや本書の範囲外ですが、定義済みのダッシュボードやアラートのテン

プレートなどのリソースを含めることができ、チームが素早く始動できるようにします。オブザーバビリティのユーザー体験を統一することで、特に複数のチームが関わる際の障害対応が容易になります。共通のグラフやシステムビュー、特定のアラートの重要性について共通の理解があると、チーム間の協力がかなり容易になります。これらの共通リソースがオブザーバビリティの専門家によって構築および維持されると、アラートが発動すべき状況で発動されなかったり、システムの健全性についてエンジニアに誤った想定をさせるかもしれないグラフが作成されるといった事態を最小限に抑えられます。

　サービスが本番環境で新しいテレメトリー標準を導入したら、次に、注目すべき領域を決定するために、特定のSERVERスパンやCONSUMERスパンを含むトレースを調査するのが一般的です。ブラウザやモバイルアプリのCLIENTスパンがトレースを開始する状況でなければ、通常、サービスがシステムのエントリポイントとなり、そのスパンがルートスパンになります。実際のトラフィックの処理を開始した際に、サーバースパン名が意味のある操作を表している（セマンティック規約について前章で議論したように、一般的すぎず、細かすぎない）ことを検証するのが重要です。

　上記で特定した主要な操作のもっとも遅いトレースやエラーを含むトレースを調査することで、実際の証拠に基づいてサービスに関する仮説を裏付けることができ、次の計装化の取り組みの指針となります。たとえば、トレース内の特定の操作や外部コールがもっとも長いトレース期間の原因になりがちである場合、その部分が良い着眼点です。外部呼び出しを調査した際に、CLIENTスパンに対応するSERVERスパンがない場合、これは通常、コンテキストが正しく伝搬されていないことを示します（受信側サービスのスパンが何らかの理由でエクスポートされていない場合を除く）。この場合、サービス所有者はCLIENTスパンの反対側にあるサービスを計装したり、そのサービス所有者に依頼したりして、コンテキスト伝搬を拡大していくことができます。このプロセスは、トレースにさらにサービスを追加し、必要に応じて呼び出しのチェーン全体にコンテキストが伝搬されるようにしながら、残りの依存関係について繰り返すことができます。

　図12-2に示すように、全体的なシステム内の異なるサブシステムで、前の段落で述べたプロセスが実行されることもあります。これは、従来の技術フレームワークや計装の能力に違いがあったためですが、今ではオープン標準の力によって、これらが同じテレメトリーコンテキストの一部となり始めています。たとえば、OpenTelemetryが登場するより前、Nodeアプリケーションはコンテキストを明示的に処理する必要があり、

関数呼び出しから関数呼び出しに手動でコンテキストオブジェクトを渡したり、他のカスタムコンテキスト伝搬メカニズムを使用する必要がありました。これにより、コンテキスト伝搬の中にブラックホールが生じました。非同期フックのおかげで、コンテキストは暗黙的に処理され、計装ライブラリによって自動的に伝搬されるようになりました。図12-2の例のように、サービスCとサービスDの間でコンテキストを伝搬することは、単なるサービス間の通信よりも大きな価値を提供します。複数のサブシステムを統一したコンテキストの下で接続するものだからです。

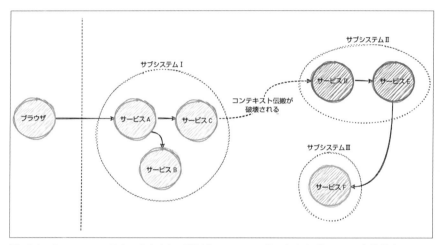

図12-2：トレースコンテキストを介して同じトレースの一部であるサブシステムを接続する

　大規模な分散システムにおいて、効果的なトレースコンテキストの伝搬は容易ではありません。コンテキストが伝搬されるべき場所で正しく伝搬され、伝搬されるべきでない場所（たとえば、ファイア・アンド・フォーゲット[†1]な非同期タスク）では新しいトレースに分割されることを確認するための配慮は、開発プロセス中に考慮されなければなりません。ほとんどの場合はアプリケーションコードに変更が加えられても計装を変更する必要はなく、特にコンテキストが暗黙的に処理され、プロパゲーターが適切に設定されていれば、変更は不要です。しかし、マルチスレッドのフレームワークで操作を変更したり、新しい非同期タスクを実装したりした場合、コンテキスト伝搬が破壊され、ト

---

†1　翻訳注：6章の脚注4を参照。

レース内のすべてのサービスのオブザーバビリティに影響が及ぶ可能性があります。

OpenTelemetryは、ユニットテストで使用するため特別に設計されたインメモリのエクスポーターを提供しており、テスト実行中に生成されたテレメトリーを取得できます。これを使って内部のコンテキスト伝搬が期待通りに動作し、コードベースに変更が加えられてもそのままであることをプログラム的に確認できます。このようにして、計装は追加の要素ではなく、ソフトウェア開発ライフサイクルの一部として組み込まれるようになります。

ユニットテストに加えて、利用しているオブザーバビリティプラットフォームとサービスが生成するテレメトリーに詳しいエンジニアは、障害のデバッグにも長けています。オブザーバビリティの目標の1つは、運用中のサービスをデバッグする際に必要な認知負荷を軽減することですが、どのツールにも言えるように、効果的に使用するためには最低限のトレーニングと慣れが必要です。消防士は、火事が発生してから消防車の使い方を学ぶわけではありません。その上、メトリクスと分散トレースは、依存関係間の利用パターンなど、複雑なシステム内でのサービスの役割をチームが理解するのに役立ちます。

異なるコンポーネントが異なるチームによって所有されているような大規模な分散システムでは、個々のトランザクション内でエンジニアのサービスが呼び出される前（または後）に何が起こっているのかをエンジニアが把握していないことは珍しくありません。実際のデータに基づいたシステムの全体像を把握することは、システム設計全般について健全な議論を促進できます。主要な操作のトレースを複数のチームが一緒に検証し、それぞれの分野について知識を共有するセッションを開催することで、システム全体の一般的な知識を広げるのに役立つ枠組みが提供されます。さらに、テレメトリーコンテキストが伝搬されていないブラックホールや、システムを正確に表現するために新しい計装を追加する必要がある箇所を特定することもできます。

12.3　テレメトリーの価値を維持する

データ転送やカーディナリティの観点では、サービス数やトラフィック量の増加にともなって分散システムが成長するにつれ、生成されるテレメトリーの量も同様のパターンで増加します。これは避けられません。しかし、チームが通常、エンジニアリングの健全性を保つプロセスの一環としてセキュリティ標準の維持や技術的負債の解消に

12.3 テレメトリーの価値を維持する

注意を払う一方で、テレメトリーの状態を考慮することはほとんどありません。アプリケーション内で手動計装が必要とされた箇所は、周囲の状況が変化してもそれが依然として有用か、利用されているかどうかを再評価されることはほとんどありません。監視、アラート、デバッグにほとんど、あるいはまったく価値がないにもかかわらず、多大なコストを発生させることがあります。

テレメトリーデータの品質を管理する1つの方法は、中央集権化による制御、制限です。利用しているテレメトリープラットフォームの管理者によって承認されない限り、どのチームも新しいシグナルを生成できません。カーディナリティとボリュームの制限は意図的に低く設定され、承認を受けた場合にのみ追加されます。読者も予想できるように、これは推奨されるアプローチではありません。エンジニアリングチームの速度を低下させ、テレメトリープラットフォーム管理者に負担をかけ、長期的に目標を達成できないことがほとんどです。新しいデータが追加された後、これらの条件は再評価されることはありません。したがって、テレメトリーは生成も利用も容易であるべきですが、賢明な方法で行う必要があります。

別のアプローチとして、制御よりも支援に重点を置く方法があります。前述の通り、チームには、意味のあるオブザーバビリティデータと、データ転送や保存、カーディナリティの低さのバランスを考慮して設計されたデフォルトの推奨計装パッケージ、サンプリング、集約（つまり、メトリクスビュー）が提供されます。エンジニアがこのテレメトリーデータをカスタムシグナルで拡張したり、計装パッケージや集約を変更したりすることが、実現可能な限り容易であるべきです。依然として、テレメトリープラットフォームの安定性を保護するために制限を設けることは推奨されます（計装が不十分なサービスが、他のすべてのサービスに悪影響を与えるべきではありません）が、このような制限は、ベストプラクティスを強制するために使用すべきではありません。

テレメトリー計装に最小努力の原則[†2]を取り入れ、ゴールデンパスがもっとも簡単に辿れるようにしましょう。

[†2] 翻訳注: さまざまな事象は自然にもっとも反発の少ない、つまり「努力」のもっとも少ない道を選ぶという前提に基づいた理論。詳細は https://en.wikipedia.org/wiki/Principle_of_least_effort を参照してください。

エンジニアが各自のサービスを各自の判断で計装する自主性には**説明責任**がともなうべきです。テレメトリープラットフォームによって発生するコストは、多くの場合、複数の抽象レイヤーの下に隠されているインフラストラクチャや計算機プラットフォームのコストの一部にあり、誰にも帰属されないか、組織内でプラットフォームを運営するチームに帰属されることが多くあります。プラットフォームのユーザーは、自分たちの利用状況（この場合はテレメトリー）がどのようにコストやパフォーマンスに影響を与えるかを理解していないことがよくあります。たとえば、Kubernetesクラスターや、アプリケーションがリソース（CPU、メモリ、ネットワーク）を共有するマルチテナントの計算機プラットフォームを実行するのにかかる計算機コストは、消費する計算機リソースのシェアに応じてサービス間で配賦できます。予約された計算機リソースの量に基づいて配賦するのがもっとも一般的です。たとえば、2CPU/8GBのワーカーノードが、0.5CPU/2GBを要求するコンテナと1.5CPU/6GBを要求するコンテナを実行している場合、そのノードの全コストを、一方のコンテナが25%、もう一方が75%を負担するように配賦できます。

テレメトリープラットフォームのインフラコストを配賦する場合、特定のサービスのテレメトリーを処理・分析するために必要なCPUやメモリを見積もることは不可能、もしくは少なくとも簡単ではありません。コストを公正に分配する1つの方法として、データの取り込み量、スパン/レコード/データポイントの数、メトリクスのカーディナリティなどの代理メトリクスを使用することがあります。使用するメトリクスは、利用するテレメトリープラットフォームにおける制限要因によって異なります。たとえば、時系列データベースの場合、個々のメトリクスのカーディナリティと全メトリクスの総カーディナリティとの比率に応じてコストを配賦できます。ログバックエンドやトレースバックエンドの場合、ストレージサイズでも可能です。

OpenTelemetryのリソースに関するセマンティック規約の良い副作用の1つは、テレメトリーデータの所有権を明確にするところにあります。前述の通り、service.nameはすべてのリソースに必須の属性であり、service.namespaceは通常、同じチームが所有するサービス群をグループ化するために推奨されます。これらはサービスや名前空間間でコストを配賦し、各チームに帰属させるために使用できます。チームは、自分たちのサービスがテレメトリープラットフォーム全体のコストや負荷に与える影響を明確に把握できるようになると、情報に基づいた意思決定を行えるようになります。たとえば、同じメトリクスが同じ属性セットを付加したとしても、小規模なサービスが100

レプリカで実行されている場合にはまったく無視できるものかもしれませんが、10,000レプリカで実行されているサービスの場合にはパフォーマンスが低下したり、天文学的なコストがかかったりする可能性があります。これは、大規模なデプロイメントでは計装を「少なくする」べきだとか、オブザーバビリティデータへのアクセスを制限すべきだと言っているわけではありません。大規模なデプロイメントは常に運用コストが高く、テレメトリーにかかる費用はサービスの運用予算に常に組み込まれるべきですが、テレメトリーの本番環境を可視化することで、変更（取り得る値の数が無制限な属性をメトリクスに追加するなど）がもたらす結果を、所有者たちは理解できるようになります。

コスト配賦は、さまざまなシグナルの有用性をコストと比較した際に、チームが優先順位を付けるのにも役立ちます。たとえば、チームが分散トレースを使い始めるとき、特にサンプリング技術を導入する場合、同じ粒度でデータをキャプチャしようとすると、従来のログよりも分散トレースの方がコストが低いことに気づき、ログのコストを削減できるようになるかもしれません。また、ダッシュボードやアラートで使用されていない、カーディナリティの高いメトリクスを特定できるかもしれません。これまでデバッグのユースケースで使用していたメトリクスを、今ではトレースで実現できる可能性もあります。それらのメトリクスはオフにしたり、低いカーディナリティのディメンションに集約できるでしょう。

テレメトリーのコストと負荷の最適化は、インフラストラクチャや計算機コストなどの他の最適化と比較して、驚異的な結果をもたらします。サービスの計算機コストを80%節約することは（少なくともそれを停止しない限り）簡単ではありません。しかし、従来の冗長なアクセスログから分散トレースに移行することで、テレメトリーコストを大幅に削減し、そのテレメトリーデータの価値を大幅に向上させることは、考えられないことではありません。

12.4　まとめ

この最終章では、組織全体でオブザーバビリティを導入する際に、責任あるアプローチを確実に行うことに焦点を当てました。特に、従来の計装がすでに存在していたり、チームが従来のデバッグワークフローに慣れていてオブザーバビリティプラットフォームを十分に活用していない場合には、これは決して簡単な作業ではありません。チームや事業分野全体にわたって調整し、段階的な改善と知識共有のモデルを構築する必

要があります。

　ベストプラクティスを導入するための道は、過度な管理ではなく、支援を重視する必要があります。チームに本番環境での障害を容易に特定して、トラブルシューティングできるような、もっとも意味のある方法でシステムを計装する自主性を与えつつ、テレメトリーの生成元に説明責任を持たせる必要があります。幸いなことに、OpenTelemetryの設計はそれを可能にするためのすべての要素を提供しています。シグナルとコンテキストが意図された目的で使用される場合、テレメトリープラットフォームのコストや負荷を犠牲にすることなくオブザーバビリティを高められ、分散システムを個々のサービスとしてではなく、全体として検証するのに役立つ、相関的なテレメトリーシグナルのネットワークを形成できるでしょう。

索 引

■ A-C

addLink() 99
APM 8
   エージェント 82
asMap() 80
AWS X-Ray 84
B3 .... 43, 84
Baggage
   API 78, 80
BatchSpanProcessor 109
BOM 48
buildAndRegisterGlobal() 71
Cloud Native Computing Foundation（CNCF）
.... 17, 24
Context API 43, 74, 78, 83
Context.current() 76
Contib パッケージ 34

■ D-F

Deprecated 33, 36
Docker 175
Dropwizard Metrics 39
dropwizard-example 59
end() 96
Event API 157
EventLogger 157
Executer .... エグゼキューター
exemplar .... イグザンプラー
Experimental 33, 36
Extract 83
Feature-freeze 33
forceFlush() 109

■ G-I

GlobalOpenTelemetry.get() 71
Graduated 24
Grafana Tempo 24
gRPC 46
   エクスポーター 160
histgram.record() 41
HTTP 46
   リクエスト 120
ID ジェネレーター 107
Incubating 24
Inject 83
innerMethod() 98
Instrument 123

■ J-L

Jaeger 24, 43, 59, 63, 84, 100
Java 44, 58, 62, 97
   Executer 77
   OpenCensus 225
   OpenTelemetry SDK 70
   SPI 65
   Tracing API 96
   エージェント 110
   計装 62
   スパンの制限 108
   トレーサー 93
   プロパティ 110
Jetty 85
JSON 46
Kubernetes 176, 190
Lightstep 84

Linux	176
Logger	154
LoggerProvider	158
Logging API	153, 156
BatchLogRecordProcessor	159
SimpleLogRecordProcessor	159
Logging SDK	158
LogRecord	155
Logs API	52

■ M, N

macOS	176
makeCurrent()	75, 79, 98
Mapped Diagonostic Context（MDC）	38, 74
Meter	
取得	122
MeterProvider	121, 131
forceFlush()	132
shutdown()	132
計装選択基準	138
メトリクス構成	138
Metrics API	117, 119, 121
Metrics SDK	119
MetricsReader	142
monotonicity	単調性
MTTD	5, 230, 232
MTTF	6
MTTK	5, 21, 230
MTTRec	5
MTTRes	5, 232
MTTV	6
.NET	58
Node	97, 236

■ O

OkHttp	70
OpenCensus	23, 82, 119
Shim	224
非互換性	225
メトリクス	225
OpenTelemetry	19, 78, 92, 133, 157, 221, 223
Enhancement Proposals	OETP
Log API	149
SDK	52, 56, 70, 137
安定性	218
移行	217

影響	25
エージェント	70
価値	31, 218
組み込みサンプラー	203
計装	44
最新バージョン	33
仕様	31, 33, 78, 122, 123, 205
ステータス	33
設計	23, 37
セマンティック規約	47, 53
相互運用性	119
ディストロ	220
データ交換	165
デプロイモデル	189
デモアプリケーション	59
導入のルール	221
パッケージ	34
非互換性	224
プログラミング言語	58
プロセス	32
プロトコル	20
ミッションステートメント	17
命名規則	20
メジャーバージョン	37
メトリクス	41, 51, 52
目標	44, 112
ユニットテスト	238
リソース	45, 49, 55
OpenTelemetry API	
	18, 19, 48, 70, 112, 126, 221
インスタンス	71
構成	71
OpenTelemetry Collector	
	45, 65, 111, 147, 165, 171, 180, 226
batch	179
memory_limiter	179
OTLP	46, 169
運用	185
エージェント	174, 192
拡張機能	184
確率サンプリング	208
ゲートウェイ	174, 220
コンポーネント	184
サイドカー	195
使用しない	191
ステータス	174

テイルベースサンプリング......................211
デプロイ..175, 184
内部状態...185
配布...174
パイプライン...172
プロセッサー..................................179, 180
用途...181
レシーバー...176
ログ...153
OpenTelemetry Protocol...........................OTLP
OpenTracing..............................23, 82, 223
　sampling.priority 208
　Shim..222
　バゲッジ..80
OT Trace..84
otel.experimental.resource.diabled-keys........68
otel.java.disabled.resouce-providers..............68
otel.java.enabled.resouce-providers..............68
otel.logs.exporter
　logging 160
　otlp...160
otel.resource.attribute 68
otel-collector コンテナ 60
OTEP 32, 167, 169
OTLP 45, 64, 109, 136, 144, 165, 226
　gRPC..46, 167
　HTTP...46, 167
　JSON...46
　エクスポーター...............................111, 169
　応答...168
　集約テンポラリティ 147
　スキーマ...167
　特徴...166
　プロトコル...171

■ P-R

Persistent Volume Claims（PVC）.................199
Pixie..24
Prometheus 24, 39, 45, 59, 63, 118, 123,
　　　　　　　　　136, 142, 147, 177, 190, 226
Propagetors API....................................43, 83, 112
proto3 169
Python 44, 58, 97
recordException()....................................102
Removed 36
Resouce.getDefault()................................56

Resource インスタンス 56
Rudolf E. Kálmán 3
runAsync()...105

■ S

Sandbox...24
Service Providor Interface（SPI）..................65
service.extensions 184
service.instance.id 49
service.name..48
service.namespace 49
service.version 49
setAllAttribute()......................................101
setAttribute()...100
setNoParent()..96
shutdown()...108
SimpleSpanProcessor 109
SLA 8
SLO 8, 18
span.makeCurrent()..................................111
SpanProcessor...109
Spring Metrics...39
Stable...33, 36
startSpan()..96
StatsD 39

■ T-Z

Telegraf 39
TraceContext..43
TraceProvider..108
Tracing API.............................78, 97, 107, 222
　サンプリング...202
　定義...92
　ヘルパー...99
Tracing SDK...107
USE メソッド 9
W3C Baggage.............................84, 86, 87, 112
W3C TraceContext 64, 84, 86, 111
　移行...223
　サンプリング確率...................................207
Windows 176
YAML 172
Zipkin 45

■ あ行

アプリケーションパフォーマンス監視.... APM
アペンダー...42
アラート...18, 231
イグザンプラー.................................41, 140
   Prometheus.......................................142
   仕様..141
   フィルター..140
   リザーバー..140
移行プロセス...219
依存関係...70
イベント..156
   セマンティック規約............................52
インバンドデータ.....................................33
エージェント.............................40, 65, 192
   モデル..193
エクステンション.....................................67
エクスポーター.................119, 123, 181
   gRPC..160
   logging...144
   otlp..144
   prometheus.......................................144
   自動設定...144
   プッシュベース................................183
   プルベース..181
   メモリ要件..182
エグゼキューター.....................................76
エントリポイント...................................236
オブザーバビリティ...3, 8, 48, 73, 149, 218, 229
   監査ログ...151
   効果的..18
   コンテキスト...............................9, 43
   シグナル...231
   システム...219
   相関関係..9
   デバッグ...230
   トレースの価値..................................50
   目的.......................................7, 14, 73, 238
   有効性..231
   ログ...149, 151

■ か行

カーディナリティ...............40, 50, 120, 126, 137
確率サンプリング...................................200
   OpenTelemetry Collector.........................208
カスタム計装...8

カスタムソリューション..........................65
監視...186
キューイング...183
クライアント API......................................47
クライアントライブラリ..........................40
クラウドプロバイダー..............................46
計装................17, 23, 44, 55, 92, 122, 126, 221
   Java...64
   アプリケーション..............................62
   スコープ...122
   抑制...69
   ライブラリ..58
ゲージ...118
ゲートウェイモデル................................199
効果的な相関...234
合計...134
コスト配賦..241
コレクター..42
コンテキスト...................9, 41, 42, 43, 103
   開始位置...235
   記述...47
   スパン..152
   トレース.............................104, 113, 152
コンテキスト伝搬
   ....74, 76, 82, 87, 117, 219, 220, 234
   設定...86
コンポーネント...31
コンポジットプロパゲーター......................84

■ さ行

サービス所有者.......................................221
サービスレベル合意...............................SLA
サービスレベル目標................................SLO
最小努力の原則.......................................239
サイドカーモデル.........................40, 196, 227
サブスパン..93
差分テンポラリティ................................146
サンプラー..107
サンプリング..13
   OpenTelemetry 仕様.........................205
   Tracing API......................................202
   アルゴリズム...............................90, 205
   ヘッドベース....................................202
サンプリング確率....................................204
   W3C TraceContext...........................206
時間間隔..119

シグナル 33, 39, 41, 44
 API 34
 Contib パッケージ 34
 SDK 34
 セマンティック規約 34
 タイプ 14
 強み 231
 トレース 17
 メトリクス 17
 ライフサイクル 36
 ログ 17, 42
時系列 118
実装モデル 58
自動計装 55, 85, 221, 234
自動相関 12
支払いサービス 10, 21
集約 126, 133
 タイプ 119
 デフォルト 133
 ヒストグラム 134
 関数 133
集約テンポラリティ 145
スパン 11, 38, 90
 ID 111
 Java 108
 イベント 95, 100
 エラー 102
 親 94
 グループ化 90
 サブ 93
 種別 94
 処理 107
 ステータス 95
 制限 108
 属性 94, 100
 トレンド分析 91
 プロセッサー 66, 107, 109
 プロパティ 93
 命名 50, 93
 ライフサイクル 98
 粒度 95
 リンク 94, 99
 ルート 93
 ロードバランシング 212
制御システム理論 3
設定サービス 10

設定ストアプロキシ 11, 22
セマンティック規約
 .... 12, 34, 47, 48, 50, 53, 117, 219, 234
 API 47
 イベント 52
 トレース 50
 目的 47
 例外 102
 ログ 52
ゼロコード計装 55
ゼロタッチモデル 58
相関関係 9
相互運用性 112
測定値 118
 集約 133
 単調性 126
 破棄 137
 非同期 125

■ た行

大規模分散システム 9, 221
単調関数 125
単調性 125
抽出 83
注入 83
調整後カウント 204
ディストロ 220
テイルベースサンプリング 209
 OpenTelemetry Collector 211
 課題 211
 限界 210
 マルチクラスター環境 212
データポイント 118
デバッグ
 コンテキスト 11
 本番環境 8, 229
 ワークフロー 230
デプロイモデル
 エージェント 192
 ゲートウェイ 197
 コレクターなし 191
 サイドカー 195
テレメトリー 11, 19, 149, 189
 エクスポート 181
 コスト 240
 シグナル 41, 44

スキーマ............................53	
整備............................219	
断片化............................26	
注釈............................43	
導入支援............................233	
ノイズ............................12	
パイプライン............171, 179, 185	
品質............................239	
フォーマット............................171	
プラットフォーム............................18	
プロトコル............................171	
ポータブル............................23	
量............................238	
テレメトリーコンテキスト............11, 41, 74	
暗黙的............................74	
伝搬............................77, 81	
ブラウザ............................235	
明示的............................74	
ユーザー定義............................78	
テレメトリーデータ............13, 53, 178	
所有権............................240	
負担............................200	
フロー管理............................178	
量............................200	
テレメトリーバックエンド............................224	
テンポラリティ............................145	
ドメイン知識............................46	
トランザクション............................4, 38	
トレーサー	
Java............................93	
スキーマ URL............................92	
属性............................92	
名前............................92	
バージョン............................92	
パラメーター............................92	
トレース............11, 38, 50, 63, 89, 149, 200	
ID............................111	
価値............................50	
ステート............................112	
セマンティック規約............................51	
断片化............................219	
伝搬............................64	
フラグ............................111	
プロバイダー............................70	
分割............................105	

■ は行

バージョン 1.0.0............................32	
パーセンタイル............................10	
バゲッジ	
API............................43	
修正............................224	
伝搬............................64, 80, 87	
ヘッダー............................81	
バケット境界............................135	
パッケージ............................176	
バッチサイズ............................180	
ハンドラー............................42	
非確率サンプリング............................201	
ヒストグラム............40, 128, 134, 136	
非単調関数............................125	
非同期............................103, 105	
ビュー............................119	
標準............................21	
フェイルファスト............................7	
複合プロパゲーター............................84	
プラットフォームエンジニアリング............219	
プロセッサー............................178	
プロトコル	
OTLP............................45	
Prometheus............................45	
Zipkin............................45	
テレメトリー............................171	
分散システム............9, 17, 38, 73, 89, 229	
分散トレース............38, 43, 89	
例............................39	
平均解決時間............................MTTRes	
平均確認時間............................MTTV	
平均原因特定時間............................MTTK	
平均検出時間............................MTTD	
平均修正時間............................MTTF	
平均復旧時間............................MTTRec	
ヘッダーフォーマット	
B3............................43	
Jaerger............................43	
ヘッドベースサンプリング............................202	
ベンダーロックイン............................25	
ポストモーテム分析............................232	

■ ま行

メーター 121
メトリクス 33, 40, 63, 117, 118, 125
　SDK 18
　エクスポート 131
　カーディナリティ 51, 120, 126, 137
　規約 52
　計装 126
　コンテキスト伝搬 117
　自動設定 139
　収集 131
　集約 119, 121, 131
　スパン 91
　セマンティック規約 117
　標準 51
　プロパティ 137
　メーターリーダー 131
　リソース 132
　ログ 151

■ ら行

ライフサイクル 36
リアルユーザー監視（RUM）...................... 152
リソース 45, 55, 107
　規約 49
　グループ 49
　属性の選択 68
　マージ 57
累積テンポラリティ 146
ルートスパン 236
例外 102
ログ 33, 90, 151
　コンテキスト 42
　サンプリング 150
　シグナル 42
　セマンティック規約 52
　フレームワーク 160
　分散トレース 150
　メトリクスの代替 151
　役割 149
　ユースケース 151

● 著者紹介

Daniel Gomez Blanco（ダニエル・ゴメス・ブランコ）

Daniel Gomez BlancoはSkyscannerのプリンシパルエンジニアであり、旅行者が次の休暇を予約する際に、高い信頼性と良いパフォーマンスを提供するため、数百のサービスにわたるオブザーバビリティの変革をリードしています。彼はOpenTelemetryをはじめとするオープン標準やCNCFプロジェクトの提唱者であり、運用データの計装化と収集を支援しています。Danielは、ジュネーブの国際機関CERNからロンドンのスタートアップSKIPJAQまで、さまざまな規模の組織で働いた経験があり、主な焦点は、本番環境の運用とサポートを行うエンジニアにかかる認知負荷を最小限にするためのソフトウェアとソリューションを構築し、採用することです。

● 技術レビュアー紹介

Dave McAllister（デイブ・マカリスター）

Dave McAllisterは、Computer Business Reviewによって「オープンソースのパイオニアトップ10」に選ばれた人物であり、「オープンソース」という言葉が生まれる前からLinuxやコンパイラーの分野で鍛えられてきました。彼はDevOps、開発者、アーキテクトと協力し、モダンなアーキテクチャとオーケストレーションの利点を理解しながら、オープンソースの革新的な側面を活用して、大規模な分散システムの課題を解決しています。DaveはLinuxの初期から、今日のOpenTelemetryとオブザーバビリティの世界に至るまで、常にオープンシステムとオープンソースの支持者であり続けてきました。仕事から離れると、愛用のカメラを手にハイキングに出かけ、妻に置いていかれないよう奮闘しています。

● 訳者紹介

大谷 和紀（おおたに かずのり）

Splunk Services Japan 合同会社のシニアソリューションアーキテクト・オブザーバビリティであり、オブザーバビリティ製品を専門に、さまざまな顧客への製品、プラクティス、OpenTelemetryの導入支援を担当しています。それまでは業務システム業界でSEとしての経験を積んだ後、VOYAGE GROUP（現 CARTA HOLDINGS）子会社にて広告配信サービスを構築・運用リーダー /CTOを経て、New Relicでカスタマーサクセスマネージャーを担当し、現職に至ります。アプリケーション開発、DevOpsの推進、クラウド利用、アジャイルプラクティスの導入などの経験をしてきました。趣味はボルダリングとバックカントリースキーで、怪我や遭難に気をつけています。

実践 OpenTelemetry
オープンなオブザーバビリティ標準を組織に導入する

2025年4月23日　　初版第1刷発行

著　　　　者	Daniel Gomez Blanco（ダニエル・ゴメス・ブランコ）	
訳　　　　者	大谷 和紀（おおたに かずのり）	
発　行　人	ティム・オライリー	
印 刷・製 本	日経印刷株式会社	
発　行　所	株式会社オライリー・ジャパン	
	〒160-0002　東京都新宿区四谷坂町12番22号	
	Tel　（03）3356-5227	
	Fax　（03）3356-5263	
	電子メール　japan@oreilly.co.jp	
発　売　元	株式会社オーム社	
	〒101-8460　東京都千代田区神田錦町3-1	
	Tel　（03）3233-0641（代表）	
	Fax　（03）3233-3440	

Printed in Japan（ISBN978-4-8144-0103-1）

乱丁、落丁の際はお取り替えいたします。

本書は著作権上の保護を受けています。本書の一部あるいは全部について、株式会社オライリー・ジャパンから文書による許諾を得ずに、いかなる方法においても無断で複写、複製することは禁じられています。